面子
心理学

孙　彪◎著

中国友谊出版公司

图书在版编目（CIP）数据

面子心理学 / 孙彪著. —— 北京 ：中国友谊出版公司，2017.6（2023.10重印）

ISBN 978-7-5057-4082-2

Ⅰ．①面… Ⅱ．①孙… Ⅲ．①心理学－通俗读物 Ⅳ．①B84-49

中国版本图书馆CIP数据核字(2017)第152784号

书名　面子心理学

作者　孙　彪

出版　中国友谊出版公司

发行　中国友谊出版公司

经销　新华书店

印刷　凯德印刷（天津）有限公司

规格　710毫米×1000毫米　16开

　　　15印张　259千字

版次　2017年9月第1版

印次　2023年10月第2次印刷

书号　ISBN 978-7-5057-4082-2

定价　39.80元

地址　北京市朝阳区西坝河南里17号楼

邮编　100028

电话　(010) 64678009

　　面子，很多时候人们都脱离不了这个词的困扰。吃大餐，穿名牌，用高档电子产品，比学习比工资比生活环境，拼父母拼家产拼排场，无不与爱面子有关，更有人用了一款名牌包或者香水，就不停地刷微博刷朋友圈，求赞求评论，陷入面子怪圈无法自拔。可以说，大多数人都或多或少被爱面子的心理影响着，轻者偶尔臣服于面子几次，重者沦为面子的奴隶，一生都为了面子而活，过得又累又不真实。

　　有一位作家去欧洲旅行，回来后说的这样一件事，也很能说明问题。他们去看世界名画时，导游一再交代，这些画价值连城，有的画值上亿美元，只能看不能摸，并且不能用闪光灯拍照。如果用手摸，不但要罚款，导游还要承担相关的责任。可旅行团里偏有个人不信这个，非得用手去摸一下。这可把导游给吓坏了，一些外国游客睁大眼睛看着他，很是诧异。可是那位游客沾沾自喜地说，这画怎么就看不出来那么值钱呢，摸起来和普通画也没什么区别嘛。如果蒙娜丽莎的那张画不是在玻璃罩里边，他大概也要用手去摸一摸不可。作家说那时很多外国人用奇怪的眼神看着他们，他感觉丢脸极了，觉得中国人的脸都让那位游客给丢尽了。可是那位游客丝毫也没有觉得丢脸，似乎还挺有面子的，因为别人都不敢摸，而他却摸到了，说不定回去后会向家人大吹特吹呢，这样多有面子啊！

　　中国人向来是很好面子的。从"人活一张脸，树活一张皮""君子死，而冠不免""佛争一炉香，人争一口气""士可杀而不可辱"，到"打狗还看主人面""不看僧面看佛面"，等等，关乎面子的警句格言成百上千。

林语堂曾有过精辟的论述："中国民族的特征之一，就是重人情、重面子。"对此，德国汉学家马特斯教授的论述最为透辟："中国人的面子，就是一种角色期待……中国人是作为角色而存在的，而不是作为人本身而存在的……"能够以某种方式满足自我的角色期待，就是有面子。美国人史密斯写的《中国人气质》一书的第一章就叫《面子》。他发表了自己的看法："在中国，面子这个词，实际上是一个复杂的集合名词，其中包含的意义，比我们所能描述或者可能领悟的含义还要多，面子问题正是打开中国人许多最重要特性这把暗锁的钥匙。"

鲁迅笔下的阿Q相信大家都很熟悉，人家赵太爷的儿子进了秀才，阿Q讲得眉飞色舞，因为他说和赵太爷是本家，本家人进了秀才自己多有面子。可因阿Q说和赵太爷是本家，人家赵太爷可不干了，这对人家多没面子啊，哪有你这样的本家，因此把阿Q揍了一顿。阿Q起先愤愤，可忽然想起赵太爷的威风，而他却是自己的本家，竟渐渐得意起来，仿佛这挨了打还挺有面子。并且阿Q因为挨了赵太爷的打而出了名，周围的人对他反而更尊敬起来。不知是阿Q"不要脸"还是赵太爷太有"面子"，反正阿Q自己觉得挺有面子的。

失去了对尊严的捍卫，面子可以说是一种伪善的面具。虚伪是一种人性，而为什么这种人性在中国人身上体现得特别深刻呢？这和我们生长的环境以及历史文化有着必然的关系。

在中国传统文化中，许多被认为是励志的东西，在本质上是进一步培养人的虚荣心，如"十年寒窗苦，方为人上人""待到衣锦还乡时""不干出个人样，无脸见江东父老"，等等。除去具体的生理意义，面子不仅仅是一种荣辱观念的具体反映，而且暗含了某种社会行为的潜规则。台湾黄光国教授认为，人情、关系、面子在中国文化中的关系，建立了一种与权力和利益互动的关系模式。他说："个人的面子是其社会地位或声望的函数。"面子往往代表着财富、权威或社会关系等。在重视人情的中国社会里，人们看重面子是关注别人对自己的社会地位和声望的评价。所以，人们常常把放弃自由、人格等最基本的立身元素作为换取面子的代价。

当然，客观说来，面子在中国传统文化中的定义并不是一维单向的，相反，在中国世俗社会中表现出相当的多义性和复杂性。面子还是一种社会网络中人格尊严的外化。面子，可以连接虚伪的外在的尊严，但同时更多地连接着草民人格的尊严。如"志士不食嗟来之食"，如大是大非的国格、人格任何时候都不能丢等，弘扬的都是面子哲学中较为良性的一面。一般说来，本来爱面子、讲面子都是人的一种"本能"，属于正常的心理需求，也是合情合理、天经地义的事情。然而，任何事物都有一定的度，如果过分地"爱面子"甚至达到了"活受罪"的程度，面子本身所承载的正面意义，就会产生异化，走向生活与人性的负面。而那些虚荣心特别强的人，那些成就感特别强的人，那些自尊心过于强的人，那些权力欲强的人，纷纷使出十八般武艺，将面子硬撑到底，其结果大多得不偿失。

过去，西晋款爷石崇与王恺斗富，王恺用麦芽糖掺和米饭擦锅，石崇就用蜡烛煮饭；王恺用紫丝布做"步障"40里，石崇就做"锦步障"50里；王恺用赤石脂涂墙，石崇就用花椒和泥，最后弄得连晋武帝都来帮忙，赐给王恺一枝二尺高的珊瑚树，"枝叶扶疏世罕其比"，石崇根本不把它放在眼里，拿起铁如意敲过去，珊瑚树应手而碎，回头叫家奴取出家中珊瑚树任王恺挑选，有三尺高的，有四尺高的，弄得王恺顿觉"惘然自失"，垂头丧气。

如今，许多人不太会客观地考虑实际的需求，而想的是面子，就是要做给他人看。他们辛辛苦苦活着，是为了还房子、车子的贷款，为房子、车子活着，不知他们一味地为了炫耀给人看，其生命还有什么意义？而有些学生的父母辛辛苦苦积攒一点钱供子女上学，但他们的子女在学校挥霍浪费，请客送礼，大摆阔气，有人为了虚荣还拒绝当着同学的面认农村来的妈妈。另外，据报载，在某些农村，婚事大办，丧事大办，结婚如发昏，仿佛人就是为了面子而活，凡事都要在面子上打主意。还有甚者，为了莫须有的面子大打出手，最终空留遗恨。大到某些地区的政府，因心理作怪，一拍脑门就大搞面子工程，到头来不过是几座空荡荡的大楼，几片冷清清的广场，几个灰蒙蒙的中心。就像一个人，明明饿得肚皮贴着后脊梁，硬要穿一套皮尔·卡丹装阔一样……诸如此类的现象，实在发人深省！

看来，面子讲得过了头，就会伤了里子，让形象变成丑陋。古时候的一则笑话无疑做出了最好的嘲讽：一位穷秀才，家里败落得三天两头揭不开锅，可每次出门都忘不了用猪皮擦擦嘴，以示自己顿顿美味佳肴。形象倒是个"食不厌精，脍不厌细"的美食家，肚子里却时时奏响着咕噜噜的打击乐。在老百姓最日常的语言里，我们也不难找到对那种"死要面子活受罪"的尖锐批评："屎壳郎趴铁轨——愣装硬骨头""兔子拉磨——硬充大耳朵驴""驴粪蛋子表面光""绣花枕头中看不中用""金玉其外，败絮其中"……

一句话，爱面子的人看似很光鲜，但在那光鲜下面是一层浅薄，因为他们的性格和心灵上，没有那种需要长期品格修养积累以及智慧沉淀下来的真正的高贵和品位。

目　录
Contents

| 第六章 | 撕掉虚伪的面子，活出最佳状态

| 第七章 | 管理好你的情绪，别为面子问题闹心

第一章 | 放下面子，
勇敢地说"不"

你不是哆啦Ａ梦：别不好意思说"不"

顾名思义，"面子观"是一种死要面子、唯面子为尊的价值观念和行事思想。"面子观"对我们行事做人有很大的束缚。因此在不利的环境中我们要勇于说"不"，千万别过多地考虑"面子"，而陷入"面子观"的怪圈之中。

很多时候，我们常被人们支配，去做一些自己本不想做的事情。他们最常挂在嘴边的是"你应当……""你不应该……"，一般人碰到这类要求，通常都很难回绝，尤其是提出要求的人是你最亲密的伙伴，"不"字就更难开口了。日子一久，这种互动关系定型后，就形成了一种默契或是彼此的承诺。

万一哪一天对方又要你做这个做那个，而你却坚持己见时，那会发生什么事呢？一方面，对方一定会勃然大怒，认为你违背了双方的承诺；另一方面，如果你坚持不做这些"应该"做的事，你会心生愧疚。

你可知道为什么会有愧疚感？这是因为双方过度的情感乞求所致。

你之所以会顺从对方的要求，说穿了，就是想通过这种顺从的表现来得到对方赞许、关爱的眼神，甚至取悦对方。

当这种取悦方法成了你行事的模式以后，拒绝对方的要求一定会让他很不高兴，而你也会觉得很对不起他。愧疚的感觉很像忧惧，而忧惧就像是坐在一张摇摇椅上，你就只能这么晃荡着，看起来好像能将你摇向什么地方，却只是在原地摇荡，让你什么地方也去不了。

不要忘了，我们有权力决定生活中该做些什么事，不应由别人来代做决定，更不能让别人来左右我们的意志，让自己成为傀儡。况且，他人并不见得比我们更了解情况，也不会比我们聪明到哪里去，所以，他们所提出的这类"理所当然"的事很可能不是我们的最佳抉择。你的最佳抉择还是应该经由自己深入分析、思考之后以自己的独立判断来取舍。

特别是在职场中，学会说"不"是办公室政治中的重要策略，这关系到你是否做得顺心如意。然而有些人为别人做事几乎到了鞠躬尽瘁的地步。主管交给他的任务，他从来不打马虎眼，要求他额外超时加班，他也毫无怨言；同事拜托他的事，不管是不是他分内的职责，他总是不忍拒绝。其实，他早已忙得分身乏术，焦头烂额，但他还是强打精神说："没事！没事！"没有人知道他累得半死，但是，他就是不愿开口对人说"不！"

大多数时候，我们碍于情面而不敢说"不"，或者因为不好意思说"不"，结果很多原本明明不该是自己的事，统统落在自己头上。要不就是所做的事大大超过自己的能力负荷，让自己面临崩溃的边缘。

做老板的都喜欢卖命工作的员工，但你可知道，如果你一心讲求牺牲奉献，处处想讨好别人，做一般人心目中的模范员工，最后你可能会丧失自我。

最明显的现象莫过于，你总是强迫自己做一些你并不想做的事，即使有不满的情绪，你也强忍去做。你认为别人把这些事情交给你做，是因为看得起你，信任你的能力。而你一旦拒绝，别人就会怪罪你，批评你不善于与人合作，使你产生一种罪恶感。总而言之，你不希望自己的拒绝恶化了你在别人眼中的形象，影响自己的前程。但这样的做法很有可能事与愿违。下面的一个故事相信会给你带来一些感想。

在一个春寒料峭的下午，一家外企门前。

通往公司大门的高台阶下，停着一辆豪华轿车。一位长得挺帅的中国小伙子（大约是秘书）恭敬地侧身一旁，一手拉开车门，另一只手护在车门门楣上，恭恭敬敬地立着。一位身形高大的外国人在钻到车门门楣下时，猛地起身用脑瓜往上一顶，那位秘书的手背上立即流出鲜血……这显然是蓄意的，但是那位小伙子诚惶诚恐地问道："总经理，您没事吧？"

"我没事，你呢？"

"您没事就好！您没事就好！"那位小伙子如释重负，十分优雅地将受伤的那只手背到身后，用另一只手再次护在车门门楣上，依旧温文尔雅地微笑着说："请！"

"慢！"

就在总经理坐进车内正想启动时，一位小姐从公司的玻璃门后冲了出来。她的一只高跟鞋在冲下台阶时甩掉了，于是她极快地踢掉另一只，冲到车前，一下子拽开车门，以不容商议的口气说："总经理先生，请您下车！"

这位身材窈窕的小姐，光着脚站在车门前，静静地站着，僵持了几秒钟后，那位外国人只得顺从地钻出了汽车。

这时，小姐转过身来，一把抓住那位秘书的手，从衣兜里抽出一条手绢，迅速地包扎着……鲜血浸透了手绢，小姐又掏出另一条手绢，精心地、一层一层地包裹上去……

因为工作的关系，她穿得十分单薄。上身一件丝质衬衫，下身一件黑色及膝短裙和长筒丝袜。

秘书羞愧地垂下了头。

小姐又转过身面对那位高大而卑鄙的总经理，义正词严地说："您有责任送他到医院医治！"

"是的，是的。"总经理只得连声说道。

总经理的专车只好抛下总经理载着伤者飞驰而去。

在人们心目中，外资企业的工作环境是绝对优良的，收入也是绝对优厚的。许多高学历者为了竞争一介文员甚至服务员的位置而精心准备、全力以赴。一且被外资企业的老板如选美般从千百人里挑中时，在怕炒鱿鱼的心理压力下，他们就表现得高度谦和、忍让。

那位小姐不知是否有类似委曲求全的经历，但她在同事遇到故意伤害时表现出来的，却是一种勇气和人格的力量。所以，说"不"不但能让你摆脱别人的控制，而且能让你的人格力量得到彰显。

事实上，我们常常过度在乎自己对别人的重要性。就好像我们常常听到调侃别人的一句话："没有你，地球照样在转动。"这句话的意思是说，没有什么人是不能被取代的。如果你把每一件事都看成是你的责任，妄想完成每一件事，这无异于自找苦吃。你真正该尽的责任是，对你自己负责，而不是对别人负责。你首先应该认清自己的需求，重新排列价值观的优先顺序，确定究竟哪些对你才是真正重要的。把自己摆在第一位，这绝对不是自私，而是表明你对自己道德意识的认同。

你虽然赞成这种说法，可你觉得还是有些为难，你不知道该如何开口说"不"。真有那么困难吗？其实那是我们的本能。心理学家说，人类所学的第一个抽象概念就是用摇头来说"不"，譬如，一岁多的幼儿就会用摇头来拒绝大人的要求或者命令，这个象征性的动作，就是"自我"概念的起步。

"不"固然代表"拒绝"，但也代表"选择"。一个人通过不断的选择来形成自我，界定自己。因此，当你说"不"的时候，就等于说"是"，你"是"一个不想成为什么样子的人。勇敢说"不"，这并不一定会给你带来麻烦，反而是替你减轻压力。如果你现在不愿说"不"，继续积压你的不快，有一天忍耐到了极限，你失控地大吼："不！"面对难以收拾的残局，别人可能会反过头来不谅解地问你："你为什么不早说？"

如果你想活得自在一点，请勇敢地站出来说"不"。记住，你不必内疚，因为那是你的基本权利。

别掉进爱"面子"的怪圈

中国人常说:"人活一张脸,树活一张皮。""面子"在我们的传统道德观念中的地位之重由此可见一斑。可以说,中国社会对人的约束主要就是廉耻和脸面,然而若因此就一切以"面子"为重,养成死要面子的人生态度也未必是好事。

有一个人做生意失败了,但是他仍然极力维持原有的排场,唯恐别人看出他的失意。为了能重新振兴起来,他经常请人吃饭,拉拢关系。宴会时,他租用私家车去接宾客,并请了两个钟点工扮作女佣,佳肴一道道地端上,他以严厉的眼光制止自己久已不知肉味的孩子抢菜。虽然前一瓶酒尚未喝完,他已打开了柜中最后一瓶 XO。当那些心里有数的客人酒足饭饱告辞离去时,每个人都热烈地致谢,并露出同情的眼光,却没有一个人主动提出帮助。

希望博得他人的认可是一种无可厚非的正常心理,然而,人们在获得了一定的认可后总是希望获得更多的认可。所以,人的一生就常常会掉进为寻求他人的认可而活的爱慕虚荣的牢笼里面,面子左右了他们的一切。

50 多年前,林语堂先生在《吾国吾民》中认为,统治中国的三女神是"面子、命运和恩典"。"讲面子"是中国社会普遍存在的一种民族心理,面子观念的驱动,反映了中国人尊重与自尊的情感和需要,但过分地爱面子就会形成一种心结,如果任其演化下去,终将害人害己。下面的故事给每个爱面子,陶醉在虚荣里的人敲响了警钟。

李宾毕业于黑龙江某大学,在河南某大学任教。1986 年,她与一位大学同学结婚,婚后第二年生下一个女儿。但随着时间流逝,两人感情逐渐恶化。1996 年初离婚,李宾独自带着小女儿生活。1999 年,李宾又与王某结婚,开始了她的第二次婚姻。

这次结合是街道上一个惯于给人做媒的老太太牵的线，当时媒人把王某说得天花乱坠，又是大学毕业，又是高级干部。李宾在不了解对方底细的情况下，接受了王某的追求，草草地进行了第二次结合。李宾有着极强的虚荣心理，再加上第一次婚姻失败，使她深受打击，所以她说什么也不愿意让别人知道她的第二次婚姻，生怕别人会笑话自己，看不起自己，会冷眼待她。婚后没多久，王某经常出现在梦中恶语谩骂别人的情形，引起了李宾对他的疑惑：一个受过高等教育的人怎么会是这个样子？她试探着问王某的毕业证放在哪儿？他支吾其词，问他上大学时的一些情况，他说自己全忘了。

更让李宾心中有苦说不出的是，王某结婚不足半年便旧病复发，常常赌博至深夜不归。有时输得眼红，便翻箱倒柜搜李宾的存折。有一天，赌输急了眼的王某回到家中，照例搜罗家中的现金和存折。李宾实在无法容忍，就说了他几句。丈夫却因妻子的几句话大发雷霆，说尽污言秽语还不罢休，又说："你是大学教师又怎么样？老子同样对你不客气。"说着抄起电话机便砸在了李宾身上。这一砸，把盲目沉浸在"新婚幸福"中的李宾砸醒了。现在这一连串的疑问，使她开始深思王某这个人。可是还没等她做什么，一件更令她怒不可遏的事情发生了。一天傍晚，李宾进了家门，13岁的女儿一见她就忍不住泪流满面，对母亲哭诉了继父如何对她非礼的情节。李宾虽然快气炸了肺，但虚荣心再次害了她，她对此事并没有深究，她痛切地感到，都怪自己轻率许身一个并不了解的人，结果才"引狼入室"，埋下了今天的祸根。

同年12月，结婚只有半年的李宾就断然与王某分居了。第二年7月两人达成了离婚协议。李宾认为从此与王某可以各走各的路了，想不到的是，在属于她和女儿的房中，王某硬赖着不走，并一直赖了一年半之久，直到血案发生的那一刻。

在李宾与王某离婚后的一年半时间里，王某不但无视"离婚协议"中要求他立即离开李宾家的条款，而且变本加厉地欺凌、虐待他们母女。据李宾的女儿说，从王某踏进她们的家门，到案发之日，整整两年时间里，王某没有为这个家拿出过一分钱，一直是白吃白喝。特别是达成离婚协议以后，王某更是无数次殴打李宾，使她身上经常是青一块、紫一块。李宾觉得自己家里好像养了一头野兽，她们母女随时都有被他吞噬的危险。因为死爱面子，怕传出去影响自身形象，李宾一直没有向学校求助过。她咨询过律师，律师说："你们是协议离婚，不存在法院强制执行的问题，要让他走，必须向法院提出起诉。"李宾深知，向法院提出起诉也许不难，难的是，法院传讯、审理到做出判决，怎么也需要一段时间，何况即使判决了，也不一定能马上逐走李宾，要把他告到法庭上，天知道他会不会干出更伤天害理的事情来。更重要的是，如果闹到法庭，这件事就会人人皆知了，到那时自己的面子该往哪搁呀！这是虚荣的李宾所不敢想象的。于是，李宾只有一忍再忍，一直忍了一年多，这样就到了2001年的那个黑色日子。那天李宾原本想请几个年轻力壮的大学生，帮她们孤儿寡母把长期非法盘踞在自己家的那头"野兽"驱逐出去，保护女儿和自己的合法权益。没想到，当天晚上，王某竟恶人先告状，叫来了110巡警，并两次撞开她的家门，于是她一时气愤难平，冲动中铸成了杀人大罪。2002年初的一个傍晚，她叫来了几个自己的学生，把王某按倒在地，李宾把盐酸强行灌入他的口中，王某因食道被严重烧伤死亡。李宾被公安机关收捕，几位涉嫌杀人的大学生也相继落入法网。

李宾因为虚荣、爱面子，不仅害了自己，也害了一群风华正茂的在校大学生，他们本来可以有无量的前途，现在却成了罪犯。这是一起本可以避免的血案，受害者却变成了犯罪者，一个优秀的教师最终走不出爱面子制造的怪圈，沦为杀人犯。这一悲剧昭示了虚荣心理那可怕的杀伤力。

过分爱面子是极度虚荣的表现，然而要想在世上寻找一个毫无虚荣心的人，就和要寻找一个内心毫不隐藏低劣感情的人一样困难。其实，虚荣不过是人们想借它来遮掩低劣的心理罢了。只要看开，一切便都可以一笑置之。

好面子从心理学上来讲是为了维护个人尊严，塑造良好形象。面子心理的一种表现就是因为怕丢脸面而对自己所犯的错误百般掩饰，但好面子的人并不知道，在自己极力回避错误的同时，面子也就遗失殆尽了。

"面子"不是尊严，不值得拼命去争

赛西莉上大学一年级时，每月只有 5 镑钱的生活费，这本该够用了，可是她时常感到拮据。有时同学邀她参加聚会，她只好说"行"，即使那意味着第二天她的午饭没有着落，也很难说"不"。

这天上午，她的姨妈邀请她陪同去某处吃午饭。实际上，此时的赛西莉只有 20 先令了，还得维持到月底呢，可是她觉得自己"无法拒绝"！

赛西莉知道一家合适的小咖啡馆，在那儿可以一人花 3 先令吃顿午饭。那样的话，她就可以剩下 14 先令用到月底了。

"哎，"姨妈说，"我们上哪儿去呢？午饭我从不吃得太多，一份就够了。咱们去一处好点儿的地方吧。"

赛西莉领着她朝那家小咖啡馆的方向走去，突然，姨妈指着街对面的那家"典雅咖啡厅"说："那儿不是挺好的吗？那家咖啡厅看上去不错。"

"嗯，好吧，如果比起我们要去的地方您更喜欢的话。"赛西莉这样说了，她可不能说："亲爱的姨妈，我的钱不够，不能带您去那豪华的地方，那儿太贵了，花钱很多的。"因为她在想："或许买一份菜的钱还是够的。"

侍者拿来了菜单，姨妈看了一遍后说："吃这份好吗？"

那是一道法式烹饪的鸡肉，是菜单上最贵的：7 先令。赛西莉为自己点了最便宜的菜——只需 3 先令。这样，她用到月底的钱就还剩下 10 先令。不，9 先令，因为她还得给侍者 1 先令呢。

"这位女士，您还想要什么吗？"侍者说，"我们有俄式鱼子酱。""鱼子酱！"

姨妈叫道:"啊!对——那种俄国进口的鱼子,棒极了!我可以要一些吗?"

赛西莉不好说:"哦,您不能,那样我用到月底的钱就只有5先令了。"于是,她要了一大份鱼子酱,还有一杯酒及那份鸡肉。她只剩下4先令了,4先令够买一周的奶酪面包。可是,她刚吃完鸡肉,又看见一个侍者端着奶油蛋糕走过。

"嘿!"姨妈说,"那些蛋糕看上去非常好吃,我不能不吃!就吃一个小的。"

只剩3先令了!

这时侍者又端来一些水果,她肯定该吃一些。当然,还得喝些咖啡,尤其是她们在吃了这么好的午饭之后。没有啦!甚至准备给侍者的1先令也没有了。

账单拿来了:20先令。赛西莉在盘里放了20先令,没有侍者的小费。姨妈看了看钱,又看了看赛西莉。

"那是你全部的钱?"姨妈问。

"是的,姨妈。"

"你全用来招待我吃一顿美味的午饭,真是太好了——可是太傻了。"

"啊不,姨妈。"

"你在大学学语言吗?"

"对。"

"在所有的语言当中,哪个字最难念?"

"我不知道。"

"就是'不'这个字。随着你长大成人,你得学会说'不'——即使是对非常亲近的人。我早就知道你没有足够的钱上这家餐馆,可是我想让你得到一个教训,所以我不停地点贵的东西,并且注意着你的表情——可怜的孩子!"姨妈付了账,并给了赛西莉5镑钱作为礼物。

"天啊!"姨妈说,"这顿午餐差点撑死你可怜的姨妈了,我通常的午饭只是一杯牛奶。"

在花费方面量力而行是非常必要的。如果你为了给自己争面子而"打肿脸充胖子",那么最终吃亏和难受的只能是你自己。不仅花费方面如此,我们在做许多事情的时候，也应该量力而行，切莫硬着头皮去做力所不能及之事。

好面子从心理学上来讲是维护个人尊严，塑造良好形象。面子心理的一种表现就是因为怕丢脸面而对自己所犯的错误百般掩饰，但好面子的人不知道，在自己极力回避错误的同时，面子也就遗失殆尽了。

其实，如果能坦诚地面对自己的弱点或者自己力所不及的事情，再拿出足够的勇气去承认它、面对它，端正自己的心态，表现得不卑不亢，不仅能弥补错误所带来的不良后果，让自己在今后的学习、工作中更加谨慎端正，而且能加深周围人对你的良好印象，这不但不会失面子，反而是最大限度地得到了面子。

在不利的环境中我们要勇于说"不"，千万别过多地考虑"面子"，而陷入"面子观"的怪圈之中。把心放开，看淡"面子"，才能赢得更多。

打肿脸充胖子，赢不来别人真正的尊重

都说现在钱难赚。有越来越多的人感到自己必须节衣缩食，可是挥霍无度的人数未见减少，甚至还有往上攀升的迹象，呈现两极化的奇特现象。

很多大型的百货公司在周年庆的时候，屡屡传出一出手就刷卡百万的顾客，更有香港艺人因为理财不当、入不敷出而宣布破产的消息，足见奢华浪费的人在一片哀鸿遍野的不景气声中，还是能交出令人瞠目结舌的亮丽成绩。

老实说，钱是拿来用的，而不是拿来浪费的，一个人可以用钱买心爱的物品、买安全感、买快乐的感觉，无论你买的是什么，有一个最重要的原则就是当用则用、当省则省，才是用钱的最高境界。

许多习惯于挥霍的人，往往不是因为自己觉得这件物品非买不可，而是想要享受一掷千金的快感、享受让人羡慕的虚荣感。

这种人觉得没钱就代表丢面子，所以非要展现出富豪之家的气势。为的就是逞一时之快，却没想到当习惯变成瘾，而瘾又戒不掉的时候，就必须付出惨痛的代价了。

结果，之前辛辛苦苦建立的豪华排场、华丽形象，在一夜之间瓦解，那种从云层重重摔下的感觉其实才是真正的丢面子。

有些人平时为了赚钱，像拼命三郎一样努力地工作，上下班塞车要忍耐、被老板骂要忍耐、工作压力大要忍耐、薪水低要忍耐……一切的忍耐就是想要多赚一些钱，让自己有更好的生活品质。

可是，有时候因为自己一时的情绪不佳，或是遭受某些挫折，就拿辛苦的血汗钱来发泄，于是开始疯狂地"血拼"、没有节制地刷卡，因冲动而买了一堆用不着的东西……这些都是很不理智的表现，也可以被解释为当省不省的错误行为。

等到自己的存款数目不断下降之后，才忽然发现自己可用的筹码所剩无几了，于是又开始节衣缩食，一天吃泡面，造成营养不良；该付的费用不付，造成循环利息，负债累累……这就是当用不用而造成的更大损失。

有些人永远都无法面对自己现在所站的位置，一心一意想把自己和不同阶层的人放在同一个平台上比较，然后只好用不健康的心态去面对残酷的事实。

当自己没钱的时候，喜欢和有钱人比较；当自己有钱的时候，喜欢和更有钱的富豪比较。一路比较下来，除多了一层又一层的假面具之外，还养成了打肿脸充胖子的习惯，得不偿失。

无法过优裕的生活、无法全身上下都是名牌、无法任意挥霍，这些都不应该是让一个人丢脸的原因。因为它们本来就只存在一小部分人身上，而这也表示那属于小众的生活方式，99％的人都是过着必须精打细算、必须为了打卡受塞车之苦、必须有选择性地消费，这些都是多么平常而大众化的现象，哪里有可耻之处呢？

相比之下，明明没有钱，还装阔佬和别人抢付账单，只好挨饿度日，或是三天两头跟朋友借钱过日子；明明连吃饭钱都有问题了，还学人家买名牌，只好用光鲜亮丽的外表遮掩丑陋难堪的背后，这才是打肿脸充胖子最大的悲哀。

　　其实，这都是虚荣心在作怪。可是，我们都知道，虚荣心重的人不但不会得到别人的尊重和推崇，反会招致别人的反感和敌意。

别死要面子不要命

　　死要面子是可笑的表现，也是一种葬送人生的缺点，对待世事切莫如此。

　　事实上，生活中许多人因面子问题而变得虚荣，也因此为日后埋下了隐患和祸根。我们的社会似乎不太谴责虚荣，仿佛人人爱慕虚荣，无须谴责，事实上，许多悲剧和社会问题皆源于此。

　　现在的年轻人追求漂亮外表的居多，但这是"爱美之心，人皆有之"，无可厚非。然而，当前流行一种"整容"的时尚。鼻子较塌可以变得挺直，眼睛小可以整成大眼睛，脸庞方的可以整成极有棱角。

　　据说有一位女青年为了见面时让男友大吃一惊，便跑到整容院做了满脸的腮红。可是，她原本想要的是"白里透红，与众不同"的效果，谁知手术做完后，她发现这些腮红的面积很大，跟羞红了脸没多少区别。但若想去除，却已不可能了。于是，她就把这家美容院告上法庭，整天忙着用何种证据压倒对方，男友也不想见了。试问，这难道不是虚荣造成的悲剧吗？

　　更可悲的是，一些无知的孩子们十分注重衣服首饰以及哥们儿间的吃喝玩乐，但家里又不给钱任其挥霍，于是便开始了小偷小摸，偷父母、同学、老师的，有的甚至走上了抢劫的邪恶之路。

　　我们之所以在此讨论这个话题，乃是因为虚荣心一旦形成后，它所结合的诸多不良的心态、习惯和行为，会让人们只看到眼前的微小好处，而离成功愈来愈远。

当你虚荣时，你会变得自负，你错误地以为自己的能力很强。可是你应该明白，你比你装扮的要低劣、差劲得多。你私下常常窘迫不已，但你还是拼命想出尽风头，当然最终将什么也得不到。一旦真相大白，你只有无地自容，厌恶自己，失去信心，放弃使自己变得更有价值的机会。到头来虚荣带给你的只是失败。

你应该了解：你是在玩一种令人沮丧的游戏，一场注定要失败的竞争，你将变成一个固执己见的小小的独裁者，你将处处碰壁，神经紧张，夜不成寝。

戒除虚荣心是有方法可循的，只要你平心静气地观察一下自己，不要贪婪地盯着成功，先成为自己的良友，然后成为别人的良友。对任何人都坦诚相待，这样，你便于无形之中远离了虚荣。

不耻下问不丢人，不懂装懂才可笑

有一个博士分到一家研究所，成为学历最高的一个人。

有一天，他到单位后面的小池塘去钓鱼，正好正副所长在他的一左一右，也在钓鱼。

他只是微微点了点头，这两个本科生，有啥好聊的呢？

不一会儿，正所长放下钓竿，伸伸懒腰，"噌噌噌"从水面上如飞地走到对面上厕所。

博士眼睛睁得眼珠都快掉下来了。水上漂？不会吧？这可是一个池塘啊。

正所长上完厕所回来的时候，同样也是"噌噌噌"地从水上漂回来了。

怎么回事？博士生又不好去问，自己是博士生哪！

过了一阵儿，副所长也站起来，走几步，"噌噌噌"地漂过水面上厕所。

这下子博士更是差点昏倒：不会吧，到了一个江湖高手集中的地方？

博士生也内急了。这个池塘两边有围墙，要到对面上厕所非得绕十分钟的路，而回单位上又太远，怎么办？

博士生也不愿意问两位所长，憋了半天后，也起身往水里跨：我就不信本科生能过的水面，我博士生不能过。

只听"咚"的一声，博士生栽到了水里。

两位所长将他拉了上来，问他为什么要下水，他问："为什么你们可以走过去呢？"

两所长相视一笑："这池塘里有两排木桩子，由于这两天下雨涨水正好在水面下。我们都知道这木桩的位置，所以可以踩着桩子过去。你怎么不问一声呢？"

上面这个例子再经典不过了，一个人过于爱惜面子，难免会流于迂腐。"面子"是"金玉在外，败絮其中"的虚浮表现，刻意地张扬面子，或让"面子"成为横亘在生活之路上的障碍，终有一天会吃苦头。值得一提的是，一个人随着学识、地位等因素的改变，思想中会有越来越多的"围墙"限制自己的言行和作为。在许多限制中，固守面子难免会让我们身受其害。

比如，下面这个寓言中的两只老鼠。

有两只老鼠，一只居住在图书馆里，另一只居住在粮仓里。

有一天它们俩相遇了。图书馆里的老鼠摆出一副学者的架子，傲气十足地对粮仓里的老鼠说："可怜的家伙，为了填饱肚子，你们甘愿住在干燥、憋闷的谷仓里。那里除了稻谷之外什么也没有。可想而知，只有物质满足、缺乏精神享受的生活该有多么乏味啊！图书馆里是那么安静，古今中外，经史子集，我都能见到。"

"这么说，您一定是位知识渊博的学者？"粮仓里的老鼠不无羡慕地问道。

"那当然，每本书的一字一句我都要细细咀嚼，一页页装进肚子里。"

"这太好了，我正有一事需要请您这样知识渊博的老兄帮忙。"

　　说完，粮仓里的老鼠把图书馆里的老鼠带到一座粮仓里，指着墙角的一个瓶子说："您认得字，请看看这标签上写的是'香麻油'还是'灭鼠药'。"图书馆里的老鼠根本不认识字，看见标签上三个黑乎乎的大字，是"香麻油"还是"灭鼠药"呢？

　　就在它进退两难之时，有一股香油味从瓶口飘出，于是，它就凭直觉猜测："这是香油。"

　　"真的？您看清楚了吗？"

　　"没错，不信，我先喝给你看。"为了证明自己的博学多才，同时也为了一饱口福，图书馆里的老鼠扳倒瓶子就喝了起来。谁知才喝了几口，就浑身抽搐，不久，便四腿一蹬，死了。

　　后来，粮仓里的老鼠才知道，瓶子上写的分明是"灭鼠药"。

　　图书馆里的老鼠可能做梦都没有想到：自己争一时的面子竟然害得自己丧命。假如他不装模作样，坦言自己不认识字，也许他现在正在图书馆里勤学苦读，没准儿将来真能成为一只博学多才的老鼠。

　　其实每个人的知识都很有限，如果只图一时的面子就可能像这只老鼠一样自受其害。

　　好面子从心理学上讲是维护个人尊严，塑造良好形象。面子心理的一种表现就是因为怕丢脸面而对自己所犯的错误百般掩饰，但爱好面子的人不知道，在自己极力回避错误的同时，面子也就丧失殆尽了。

你不是演员：别人前显贵，人后受罪

　　为了面子，自欺欺人，是不成熟的标志。更可悲的是，欺心会让我们活在痛苦之中。

王青一直认为自己很幸运，找了一个帅哥做丈夫，一个被众姐妹羡慕的白马王子。但那是白天的戏，夜晚来临，她就得扮演披头散发的女奴。

丈夫比自己小三岁，家庭背景体面，又在外资企业里做主管，风度翩翩。但实际上，这个男主角外壳坚硬，善于虚张声势，而内心却很自卑，不知是否因为"性"心不足，而诱发信心的减分。

可是，这个在外被大家"宠"坏的长不大的孩子，占有欲又极强。于是，便借一次又一次对妻子的征服、欺凌、虐待，来确定自己的权威与魄力。

在这桩外人叫好、内人心酸的婚姻里，男主角不想承担什么责任，也害怕责任；可他又要耍家长威风，最变态的，便是几乎夜夜都要打太太出气。

而更可悲的是，女主角王青居然忍了近十年。她说，总以为他还小，耍小孩子脾气，忍一些时日，他会浪子回头的。

她在做梦。这种人格不成熟的男人，或许只适合谈恋爱，却不适合做丈夫和父亲。每次丈夫动粗时，王青只有苦苦哀求，别打她的脸就好，因为那会被别人看到，那很丢人！她可以忍受生活背后别人看不到的痛苦，但是她不能忍受人前的时候他人的闲言碎语。甚至于，有时候，当她感受到别人眼里的羡慕时，她会觉得这背后的痛苦也是值得的。

当然，她也在幻想：总以为哀兵政策会软化他冷酷的心，总以为他会长大，不再分裂成白天与夜晚截然不同的两种角色。但，这是痴心妄想！

或许，爱神真的是个瞎子。他只负责给你冲动、感动、激动，他只诱发你幻想、变傻、变痴，然后只见树木、不见森林……他让当局者迷失方向，情不自禁，却又不自知、不觉醒，赔了青春之后，才发现一切都已晚了，只好忍着，以为太阳下山了，还有星星会缀补那颗受伤的心……

忠贞，但不要愚忠；放弃，但不要失去自我。幸福如同穿鞋，是否舒服，只有自己知道，不是做给人看的。有些幸福，对自己而言，是如此真实，但在外界看来，却不精彩；有些"体面"与"光荣"，人们是如此看好，但身陷其中的你，才真正体会到"败絮"的无奈。这时，你要清醒，要学会保护自己，学会一点点自私，毕竟，爱神是不管"幸福"一事的，只有你才可以创造幸福。

其实，仔细看看王青的不舍，就会发现，所谓的不舍，其实都是虚荣。可是能够带给你虚荣的东西往往不会帮助你摆脱困境，反而会给你带来致命的伤害。就像下面这个寓言里的小鹿：

在一片丛林中，有一只小鹿跟在妈妈的后面来到一个水塘边。

小鹿在水中看见了自己的影子。它发现，它有着一对非常漂亮的角！它们像两株蓬勃生长着的小树，在它的头上挺立着。这对角把它装扮得比天上的仙女还美丽。

可是，当小鹿看见自己的四只脚时，却大失所望，它们太难看了，粗粗壮壮的，就像四根没有任何光泽的木棍，根本无法给自己带来光彩。

小鹿为自己头和脚的不相称而痛苦异常。

小鹿对妈妈说："妈妈，把我的四只脚去掉，让我只保留头上美丽的角吧。"

"傻孩子，你的四肢虽然不美丽，但它们可以把你带到任何地方去，最重要的是它们可以帮你摆脱敌人的追击。"

"不，妈妈，我头上有美丽的角，谁见了都会喜欢的，没有人舍得伤害我。"

"孩子，正因为你头上有一对不一般的美丽的角，才有可能给你带来致命的伤害。"

有一天，一位猎人发现了每天都到水塘边喝水的小鹿，便用弓箭射击它。小鹿撒腿就跑。它跑过草地，跨过河流，穿过丛林，眼看马上就要摆脱猎人的追击了，可惜的是，它头上美丽的双角被丛林中的杂藤缠住了，怎么甩、怎么挣都无济于事。

猎人终于追上了小鹿，美丽的双角使它丧命于猎人的弓箭之下。

美丽的事物可以满足你一时的虚荣，却无法帮助你摆脱困境，而且，往往就是那曾经带给你无比虚荣感受的美丽，带给你致命的伤害。

放下害羞的面子，别不好意思

有个人很想当推销员，可是他和别人说话时总会心跳加速，脸涨得通红，话也说不清楚。为了克服这种障碍，他决心去请教一位大师。

大师与这个人交谈了片刻后，说："若要医治此病，请你回答我几个问题。"

他说："请大师问吧！"

大师问："假如你站在即将拜访的客户门外，那么，你想到哪里去呢？"

他答："我想进入客户的家中。"

大师问："当你进入客户的家中之后，你是否想过最坏的情况是怎样的？"

他答："最多被客户赶出来。"

大师问："被赶出来后，你会站在哪里呢？"

他答："还是站在客户家的门外啊！"

大师说："很好，那不就是你此刻所站的位置吗？最坏的结果，不过是回到原处，那又有什么好担心的呢？！"

这个人听了大师的话，惊喜地发现，原来与人交谈根本不像他所想象的那么可怕。于是，他成了一名推销员。每当来到客户门口时，他总是对自己说："让我试着沟通，说不定还能获得成功，即使不成功，也不要紧，我还能从中获得一次宝贵的经验。最坏最坏的结果就是回到原处，对我没有任何损失。"

这个人终于战胜了"说话恐惧症"。由于克服了这种心理疾病，他当年的推销成绩十分突出，被评为全行业的"优秀推销员"。

想当推销员，但自身有很大"缺陷"——害羞。每当他与人交谈时不但紧张、脸红，甚至连话也说不清楚。最后，在大师的耐心指点下，这个人不仅克服了心理障碍，敢于"张口说话"，而且实现了自己的理想，成了一名优秀的推销员。

生活中，每个人都有害羞的时候，只是害羞的原因千差万别：有的人天生胆小内向，性格原因使然；有的人认识有误，怕在人前出丑，有损自己的面子；

有的人十分敏感和自卑，过于在意别人对自己的评价而显得缩手缩脚，表现得不自在……

心理学家认为，偶尔的羞怯在所难免，但若在交往中经常为羞怯心理所笼罩，就需要加以克服了。特别是年轻人，羞怯容易使自己丧失进取的机会，失去许多本可以交到的好友，错过领导或老师赏识你的可能性，失去展示自我、发挥才能的时机，等等。

羞怯心理会阻碍一个人的发展，束缚他前进的脚步。所以，一定要克服羞怯。克服羞怯，我们可以采用一些训练方法。例如与人谈话时看着对方的眼睛，增强自己的胆量；在大庭广众的场合，全神贯注地做自己的事情，不必害怕别人的议论；多结交个性开朗的朋友，学习他们泰然自若的风度举止……总之，只要你有信心、肯努力，就没有跨不过去的障碍，何况仅仅是羞怯的心理呢？

你的成绩就是对他们势利最好的讽刺

阿发发迹前，最大的愿望是穿上一件货真价实的皮夹克。阿发身材颀长，一个偶然的机会，曾借一个同学的真皮夹克穿了半天，觉得既潇洒又神气。

但一件真皮夹克最少也要五六百元甚至上千元，而那时的阿发，每月只有300元的工资，老婆又下了岗，日子总是紧紧巴巴的，要买件皮夹克，就得让一家人饿肚子。

一个偶然的机会，阿发最终圆了自己的皮夹克梦。一天傍晚，他下班回家的途中，拾到一个坤包。坤包里有600元钱，正好够他买一件真皮夹克……

阿发穿着真皮夹克出现在办公室的感觉还挺爽，但接下来的遭遇是他始料未及的。

同事们一见他都"哇"地怪叫着围了上来。

这个拽拽领子说："呀，可惜是人造革的。"

那个很内行地抓住一块皮子拽了拽说："呀，仿得真像，一般人还以为是真的呢。"

科长老周在旁边说："都甭看了，还用看吗？阿发每月才挣 300 元钱。他拿什么买真皮的？"

这个老周，平时最看不起阿发，经常当众奚落他，挖苦他。平时阿发都忍了，谁叫人家是科长呢。但今天阿发实在忍不住了，他一转身将皮夹克脱了下来，找了个线缝，一用力，"哧啦"一声撕开了，然后他将皮子的里面翻出来，指着密密麻麻的毛孔说："你们看看，这是假的吗？这是假的吗？这是货真价实、童叟无欺的山羊皮夹克，在贸易大厦买的，花了 600 元呢！"

众人围过来一看，都傻了眼。只有老周在一旁冷笑道："现在连钞票都可以造假，在人造革上扎几个眼儿算什么！"

一句话让阿发差点儿背过气去。他终于明白：凭自己目前的身份、地位，根本就不配穿真皮夹克，穿上了也没人会相信是真的。

后来，阿发下了海，先小打小闹，攒了一笔钱后又倒腾大的，五六年之后，终于发了财，成了大老板。

为了联系业务方便，生意伙伴送给他一件皮夹克，做工很考究。但阿发拿到手里一捏就知道是人造革的，但碍于对方的面子，阿发还是当即穿在了身上。

在回家的路上，正巧遇上了闲逛的老周。

老周眼尖："阿发，什么时候又买了件皮衣？一看就是高档货。"

阿发淡淡地笑了笑说："哪是什么高档货，人造革的。"

老周讪笑道："开什么玩笑，你哪会穿人造革的！"说着话，老周用手很小心地在皮夹克的下半截摸了摸，咂着嘴说："好，真好，得几千元吧？"

阿发笑道："人造革货，哪值几千元，200 来元撑死了。"

老周仍不信。阿发就脱下来，在一条线缝上一扯，扯开一条缝，翻出皮子的另一面说："你看，反面还有花纹呢，连个毛孔都没有，怎么会是真皮的？"

老周说："现在科学技术提高了，把毛孔处理平也是有可能的。"

"看人戴帽子""狗眼看人低"是某些势利小人常犯的错误。我们没有必要那么趋炎附势，保持公正的眼光和公正的心吧——因为"面子"毕竟并不真正代表什么，你努力换来的成绩就是对他们最好的讽刺

没人会记得你的出丑，只有你自己记得

罗丝身高不足 1.5 米，体重却有 62 公斤。罗丝第一次去美容院的时候，美容师说罗丝的脸对她来说是一个难题。然而罗丝并不因那种以貌取人的社会陋习而烦忧不已，她依然十分快乐、自信、坦然。

罗丝在一家日报社工作，有机会去许多以前不可能去的地方。她去阿斯科特跑马场报道那儿观众的情况的时候，在那儿遇到的一件事使她认识到那种试图去顺应世俗，去表现得比别人优越的行为是多么愚蠢。

有一个矮小而肥胖的女人，穿戴得整整齐齐：高高的帽子，佩着粉红色蝴蝶结的晚礼服，白色的长筒手套，手里还拿着一根尖头手杖。由于她是一个大胖子，当她挂着手杖时，手杖尖突然戳进了地里。手杖戳得太深，一下子拔不出来。她使劲地拔呀拔，眼里含着恼怒的泪水。她最后终于拔了出来，但她手握着手杖跌倒在地上。

罗丝看着这个女人离去。她这一天就算毁了，她在大庭广众之下出了丑。她没有给任何人留下印象，然而在她自己充满悲哀的泪眼里，她是一个失败者。

罗丝记得非常清楚，自己也曾经历过这种情况。那时候，她还没有真正认识到：没有人真正注意你的所作所为。许多年来，她都试图使自己和别人一样，总是担心人们心里会把自己想成什么样的人。现在，罗丝知道他们根本就没有想过她。

罗丝还记得自己第一次跳舞时的悲伤心情。舞会对一个女孩子来说总是意味着一个美妙而光彩夺目的场合，起码那些不值一读的杂志里是这么说的。那时假钻石耳环非常时髦，当时她为准备那个盛大的舞会练跳舞的时候老是戴着它，以致她疼痛难忍而不得不在耳朵上贴了膏药。也许是由于这膏药，舞会上没有人和罗丝跳舞，然而不管是什么原因，罗丝在那里坐了整整 3 小时 45 分钟。当她回到家里，告诉父母，自己玩得非常痛快，跳舞跳得脚都疼了。他们听到罗丝舞会上的成功都很高兴，欢欢喜喜地去睡觉了。罗丝走进自己的卧室，撕下了贴在耳朵上的膏药，伤心地哭了一整夜。夜里她总是想象着，在 100 个家庭里，孩子们正在告诉他们的家长：没有一个人和罗丝跳舞。

有一天，罗丝独自坐在公园里，心里担忧如果自己的朋友从这儿走过，在他们眼里她一个人坐在这儿是不是有些愚蠢。当她开始读一段法国散文时，读到有一行写到了一个总是忘了现在而幻想未来的女人，她不禁想："我不也像她一样吗？"显然，这个女人把她绝大部分时间花在试图给人留下印象上了，而很少注意到她是在过自己的生活。在这一瞬间，罗丝意识到自己整整 20 年光阴就像是花在一个毫无意义的赛跑上了。她所做的一点都没有起作用，因为没有人在意她。

罗丝的经历，在许多人身上出现过，人渴望被重视的天性一旦步入在乎面子的误区，我们便会轻易地受到面子心理的折磨。一个人一生为别人的评论而活着是很累的，也显得很蠢。

只有懂得享受自己的生活，不受别人的消极影响，不管别人如何评论你，只要你自己觉得高兴、满足，你的生活就是幸福的。

不怕别人看不起，就怕自己没志气

布朗的母亲是他 7 岁那年去世的，继母来到他家那一年，小布朗 11 岁了。

刚开始，布朗不喜欢她，大概有两年的时间他没有叫她"妈"，为此，父亲还打过他。可越是这样，布朗越是有一种很强烈的抵触情绪。然而，布朗第一次喊她"妈"，却是在他第一次也是唯一的一次挨她打的时候。

一天中午，布朗偷摘人家院子里的葡萄时被主人给逮住了，主人的外号叫"大胡子"，布朗平时就特别畏惧他，如今在他跟前犯了错，他吓得浑身直哆嗦。

大胡子说："今天我也不打你不骂你，你只给我跪在这里，一直跪到你父母来领人。"

听说要自己跪下，布朗心里确实很不情愿。大胡子见他没反应，便大吼一声："还不给我跪下！"

迫于对方的威慑，布朗战战兢兢地跪了下来。这一幕，恰巧被他的继母给撞见了。她冲上前，一把将布朗提起来，然后，对大胡子大叫道："你太过分了！"

继母平时是一个没有多少言语的性格内向之人，突然如此震怒，让大胡子这样的人也不知所措。布朗也是第一次看到继母性情中另外的一面。

回家后，继母用枝条狠狠地抽打了两下布朗的屁股，边打边说："你偷摘葡萄我不会打你，哪有小孩不淘气的！但是，别人让你跪下，你就真的跪下？你不觉得这样有失人格吗？不顾自己的人格尊严，将来怎么成人？将来怎么成事？"继母说到这里，突然抽泣起来。布朗尽管只有 13 岁，但继母的话在他的心中还是引起了震撼。他猛地抱住了继母的臂膀，哭喊道："妈，我以后不这样了。"

一个人，可能犯错误，却不能丧失尊严。只有捍卫了自己的尊严，信念才不会缺失，人生的阵地才不会陷落，才能够克服重重困难，获得辉煌的人生。

松下幸之助在给他的员工培训时曾有过这样一段论述："不怕别人看不起，

就怕自己没志气。人须自重，而后为他人所重。应该让人在你的行为中看到你堂堂正正的人格。"人格无优劣高低之分，我们要懂得维护自身的独立人格。

如今已是某保险公司股东会成员之一的赵丽回忆起她的成功经历时说，她所卖出的数额最大的一张保单不是在她经验丰富后，也不是在觥筹交错中谈成的，而是在她第一次出门推销的时候。

晨光电子是本市最大的一家合资电子企业，赵丽对这样的企业有些敬畏，不太敢进去，毕竟那是她第一次推销。

犹豫了很久之后她还是进去了，整个楼层只有外方经理在。

"你找谁？"他的声音很冷漠。

"是这样的，我是保险公司的业务员，这是我的名片。"赵丽双手递上名片，心里有些发虚。在学校和老外没少打交道，可眼前这个老外是大老板，而且是个不太老的老板，感觉就有些两样。

"推销保险？今天已经是第三个了，谢谢你，或许我会考虑，但现在我很忙。"老外的发音直直的，像线一样，因此听不出感情色彩。

赵丽本来也不指望那天能卖出保险，所以毫不犹豫地说了声"sorry"就离开了。如果不是她走到楼梯拐角处下意识地回了一下头，或许她就这么走了，以后也不会有任何事情发生。

赵丽回了一下头，看见自己的名片被那个老外一撕就扔进了废纸篓里，赵丽感到非常气愤。于是她转身回去，用英语对那个老外说："先生，对不起，如果你不打算现在考虑买保险的话，请问我可不可以要回我的名片？"

老外的眼中闪过一丝惊奇，旋即平静了，耸耸肩问她："Why？"

"没有特别的原因，上面印有我的名字和职业，我想要回来。"

"对不起，小姐，你的名片让我不小心洒上墨水了，不适合还给你了。"

"如果真的洒上墨水，也请你还给我好吗？"赵丽看了一眼废纸篓。

片刻后，他仿佛有了好主意："OK，这样吧。请问你们印一张名片的费用是多少？"

"五毛。问这个干什么？"赵丽有些奇怪。

"OK，OK。"他拿出钱夹，在里面找了片刻，抽出一张一元的："小姐，真的很对不起，我没有五毛零钱，这张是我赔偿你名片的，可以吗？"

赵丽想夺过那一块钱，撕个稀烂，告诉他她不稀罕他的破钱，告诉他尽管他们是做保险推销的，可也是有人格的。但她忍住了。

她礼貌地接过一元钱，然后从包里抽出一张名片给了他："先生，很对不起，我也没有五毛的零钱，这张名片算我找给您的钱，请您看清我的职业和我的名字。这不是一个适合进废纸篓的职业，也不是一个应该进废纸篓的名字。"

说完这些，赵丽头也不回地转身走了。

没想到第二天，赵丽就接到了那个外方经理的电话，约她去他公司。

赵丽几乎是趾高气扬地去了，打算再次和他理论一番。但他告诉赵丽的是他打算从她这里为全体职工购买保险。

赵丽维护自尊的做法最终赢得了外方经理的尊重，也书写了大大的"人"字，她并没有看到别人有地位、有金钱就不自觉地矮人一截，甚至将侵犯人格的举动视而不见，而是让对方明白尊严的真正意义。因为自重，她赢得了尊重！

不言而喻，缺乏自尊的人是可悲的。他们会因此而扭曲自己的人格，改变自己的正确看法，做出违心之举；他们会动辄迷失自己，任人随意驱使，他们会在权势者面前，唯唯诺诺，小心翼翼，给自己徒增苦恼。而更糟的是，不会自重的人，最终会被人遗忘，使人生的风景因此而黯淡。

第二章 把面子留给别人，
把尊重留给自己

自己少爱点面子，给别人多点面子

每个人骨子里都渴望别人尊重我们的想法和意愿，当这种渴望得到认同的时候，我们也很容易地报之以认同。从探讨面子问题的角度来说，用一种巧妙的方式唤起他人的内心认同感，让人在面子上有充分的满足感，能激发对方的主动意识，达成我们的愿望。

以尤金·威森为例，他在获知这项真理之前，损失了数万元的佣金。威森专门替一家为纺织品制造商设计花样的画室推销草图。一连三年，威森先生每个星期都去拜访纽约一位著名的服装设计师。"他从不拒绝接见我，"威森先生说，"但他也从来不买我的东西。他总是很仔细地看看我的草图，然后说：'不行，威森，我想我们今天谈不拢了。'"

经过一百次的失败，威森终于明白自己过于墨守成规。于是他下定决心，每个星期挤出一个晚上去研究为人处世的哲学。不久，他就急于尝试一种新方法。他随手抓起六张画家们未完成的草图，冲入买主的办公室。"如果你愿意的话，希望你帮我一个小忙。"他说，"这是一些尚未完成的草图，能否请你告诉我，我们应该如何把它们完成，才能对你有所帮助？"

这位买主默默地看了那些草图一会儿，然后说："把这些图留在我这儿，威森，三天后再回来见我。"

三天后威森去了，获得了买主的某些建议，取了草图回到画室，按照买主的意思把它们修改完成。结果呢？全部被接受了。

从那时起，这位买主订购了威森许多其他的图案，这全是根据买主的想法画成的——而威森却净赚了几千元的佣金。"我现在才明白，这么多年来，为什么我一直无法和这位买主做成买卖。"威森说，"我以前只是催促他买下我认为他应该买的东西。我现在的做法正好完全相反，我鼓励他把他的想法交给我。他现在觉得这些图案是他创造的，确实也是如此。我现在用不着去向他推销，他自动会买。"

当提奥多·罗斯福当纽约州州长的时候，他一方面和政治领袖们保持良好的关系，另一方面又强迫他们进行一些他们十分不高兴的改革。他怎么做到的呢？

当某一个重要职位空缺时，他就邀请所有的政治领袖推荐接任人选。"起初，"罗斯福说，"他们也许会提议一个很差劲的党棍，就是那种需要'照顾'的人。我就告诉他们，任命这样一个人不是好政策，大家也不会赞成。

"然后他们又把另一个党棍的名字提供给我，这一次是个老公务员，他只求一切平安，少有建树。我告诉他们，这个人无法达到大众的期望。接着我又请求他们，看看他们是否能找到一个显然很适合这个职位的人选。

"他们第三次建议的人选，差不多可以，但还不太好。

"接着，我谢谢他们，请求他们再试一次，而他们第四次所推举的人就可以接受了，于是他们就提名一个我自己也会挑选的最佳人选。我对他们的协助表示感激，接着就任命那个人，还把这项任命归功于他们。"

记住，提奥多·罗斯福尽可能地向其他人请教，他让那些政治领袖们觉得，他们选出了适当的人选，完全是他们自己的主意。

纽约长岛一位汽车商人利用同样的技巧，把一辆二手汽车成功地卖给了一位苏格兰人。这位商人带着那位苏格兰人看过一辆又一辆的车子，但苏格兰人总是不满意，要么这不适合，要么那不好用。在这种情况下，这位商人接受了别人的劝告，停止向那位苏格兰人推销，而让他自动购买。

几天后，当有位顾客希望把他的旧车换一辆新车时，这位商人就开始尝试这个新方法。他知道，这辆旧车对苏格兰人可能很有吸引力。于是，他打电话给那位苏格兰人，问他能否过来帮个忙，提供一点建议。

那位苏格兰人来了之后，汽车商说："你是个很精明的买主，你懂得车子的价值。能不能请你看看这部车子，试试它的性能，然后告诉我应该出多少价钱买这辆车子才合算？"

那位苏格兰人的脸上泛起"一堆笑容"，终于有人向他请教了，他的能力已受到赏识。他把车子开上皇后大道，一直从牙买加区开到佛洛里斯特山，然后又开回来。"如果你能以 300 元买下这部车子，"他建议说，"那你就买对了。"

"如果我能以这个价钱把它买下，你是否愿意买它？"这位商人问道。300 元是他的主意，他的估价。这笔生意立刻成交了。

一位 X 光机制造商，利用同样的心理战术，把他的设备卖给了布鲁克林一家最大的医院。那家医院正在扩建，准备成立全美国最好的 X 光科。L 大夫负责 X 光科，整天受到推销员的包围，他们一味地歌颂、赞美他们自己的机器设备。

然而，有一位制造商更有技巧，他比其他人更懂得人性的弱点。他写了一封信，内容大致如下：

我们的工厂最近完成了一套新型的 X 光设备。这批机器的第一部分刚刚运到我们的办公室来。它们并非十全十美，你知道，我们想改进它们。因此，如果你能抽空来看看它们并提出你的宝贵意见，使它们能改进得对你们这一行业有更多的帮助，那我们将深为感激。我知道你十分忙碌，我会在你指定的任何时间，派我的车子去接你。

"接到那封信时，我感觉很惊讶。"L 大夫事后说，"既觉得惊讶，又觉得面子上受到很大的恭维。以前从没有任何一家 X 光制造商向我请教。那个星期我每天晚上都很忙，但我还是推掉了一个晚餐约会，以便去看看那套设备。

结果，我看得愈仔细，愈喜欢它。

"没有人试图把它推销给我。为医院买下那套设备，完全是我自己的主意。我接受了那些优越的品质，于是就把它订购下来。"

在威尔逊总统执政期间，爱德华·豪斯上校在国内及国际事务上有极大的影响力。威尔逊对豪斯上校意见的依赖程度，超过对自己内阁的依赖。

豪斯上校用什么方法来影响总统呢？

豪斯说："认识总统之后，我发现，要改变他看法的一个最佳办法，就是把这个新观念很自然地建立在他的脑海中。第一次这种方法奏效，纯粹是一个意外。有一次我到白宫拜访他，催促他执行一项政策，而他显然对这项政策不赞成，但几天以后，在餐桌上，我惊讶地听见他把我的建议当作他自己的意见说了出来。"

豪斯是否会打断他说"这不是你的主意，这是我的"？哦，没有，豪斯不会那么做，他太老练了。他不愿追求荣誉，他只要成果，所以他让威尔逊继续认为那是他自己的想法。豪斯甚至更进一步，使威尔逊获得这些建议的公开荣誉。

我们明天所要接触的人，都具有像威尔逊那样的缺点，喜欢被人认为是聪明的、有个性、有思想的人。所以，如果你有了一个非常好的创意，你不必扬扬自得地在上司面前卖弄，而应该巧妙地引导上司想出这个创意，让上司觉得这是他自己的创意，让他很有成就感，这样上司一定会很感激你，并有意识地重用你。这也正是豪斯的技巧吧。

没有必要去追究，反正一天之后都是往事

在一个女模特儿的事业成功之际，朋友们为她举行了庆祝宴会。可在宴会上，这位春风得意的小姐突然听到一个朋友正大声宣布一个她发誓永远不告诉

别人的秘密："她现在多苗条啊！要是你们两年前看到她是什么样子，那可就妙了。"他向那些屏息静听的人们说，"她现在的身材是花了整整一个夏天进行减肥才得到的。"几个人吃吃地笑了，女模特儿羞愧得无地自容。

离开饭桌之前，丈夫为了在他们夫妇俩请的客人面前显示一下慷慨大方的气度，在桌上留下了20美元的小费，可是他的妻子一把夺过钱，大声嚷道："这饭店的服务并不怎么好！"丈夫只好赶紧溜之大吉。

还有一些喜欢和别人捣蛋的人——这些人可能是你的朋友、同事或是爱人——在公共场合，他们会把你突然搂住，然后提起一件你讳莫如深的往事，有恃无恐地出你的丑，或是公开你的隐私，或是阔谈你干过的傻事和闹出的笑话。如果这时你生了气，他就会说："这只是开开玩笑，你太神经过敏，太缺乏幽默感了。"

佛罗里达大学的心理学家巴里·舒兰克说："完全没有必要去追究一个人的所作所为是否别有用心。"相当可能的情况是他压根儿没有意识到你会受到伤害。当你向他指出失礼的言行后，这位呆头呆脑的冒犯者通常会向你致歉。

别花太多的时间为你受到的伤害而烦恼，不要苦思冥想"为什么这人要对我如此恶作剧"这类问题。也许有些人是故意使你感到窘迫的，因为他们觉得你对他已造成了威胁，或者是想惩罚你曾经做过的对不起他的事；而另一些人是习惯于开这类玩笑的，他们毫不考虑别人是否受到伤害，对于这类人，没有必要去计较他是不是故意的。

著名作家张小娴曾在《永远不说再见》一书中，曾写了下面的一段文字：

无论多么风光或多么糟糕的事情，一天之后，便会成为过去。

所以，何必太在乎呢？

你的风光或你的失意，只有你自己记得最清楚，能够放开怀抱，便没有什么大不了的。读书时很爱演话剧。那时候，花了好几个月筹备和彩排一个戏，结果，只演一场。戏演完了，我们彻夜在剧院里收拾东西。那一刻的感受无限寂寞。

做了那么多准备工作，投入了那么多的心血，付出了那么大的努力。一夜之后，灯火依然阑珊。

后来，不再喜欢演话剧了。

这些年来做了很多不同的事情，每一次，都很在乎成果，也很在乎自己的表现。那么紧张，自然会给自己和身旁的人很大压力。渐渐地，我发现我把问题看得太严重了。

我们习惯了什么事情都联想到一生一世。

我以后怎么见人？

我这辈子怎么办？

别人会怎么看我？

其实，除了你自己以外，有谁更在乎呢？快乐或失意，一天之后，已成往事。

是好汉，该低头时就低头

曾有这样一道脑筋急转弯题：飞机在高空中盘旋，目标紧紧咬住装载紧急救援物资的卡车，就在这危急时刻，前面出现了一个桥洞，且洞口低于车高几厘米，问卡车如何巧妙地穿过桥洞。

这道并不难的题，答案是——把轮胎放掉一部分气即可。这样的问题，在生活中许多人都遇到过。开始时不是一筹莫展，搞得焦头烂额，就是硬往前撞，哪管它三七二十一，死了也悲壮。这固然表明一个人有勇气和自信，但往往适得其反，事情会扯不清理更乱。毫无价值的牺牲，最终受害的是自己。人生懂得"给车胎放一点气"，低一低头，是慧悟之后的明智。

学会低头，也就是懂得放弃，若要硬是强出头，只有碰壁。一次，一位气宇轩昂的年轻人，昂首挺胸，迈着大步去拜访一位德高望重的老前辈，不料，一进门，他的头就狠狠地撞在了门框上，疼得他一边不住地用手揉搓，一边看着比他的身子矮了一大截的门框。恰巧，这时那位前辈出来迎接他，见之，笑笑说："很疼吧？可是，这将是你今天来访问我的最大收获。"年轻人不解，疑惑地望着他。"一个人要想平安无事地生活在世上，就必须时刻记住：该低头时就低头。这也是我要教你的事情。"老人平静地阐发着他的睿智。

这位年轻人，就是被称为美国之父的富兰克林。

据说，富兰克林把这次拜访得到的教导看成是一生最大的收获，并把它作为人生的生活准则去遵守，因此受益终生。后来，他成为功勋卓越的一代伟人。

由此想到，人生要历经千门万坎，洞开的大门并不完全适合我们的躯体，有时甚至还有人为的障碍。我们可能要不停地碰壁，或伏地而行，若一味地讲"骨气"，到头来，不但被拒之门外，而且还会被撞得头破血流。学会低头，该低头时就低头，巧妙地穿过人生荆棘。它既是人生进步的一种策略和智慧，也是人生立身处世不可缺少的风度和修养。

苏东坡在《留侯论》中有这样一段话："天下有大勇者，卒然临之而不惊，无故加之而不怒，此其所挟持者甚大，而其志甚远也。"这也算得上是对学会低头的另一种注解吧。

纵观历史，也有借鉴的镜子。三国时刘备再三低头，从三顾茅庐到孙刘联合，每一次低头，都会踱到"柳暗花明又一村"，终于做成"三足鼎立"的辉煌。越王勾践深深低下高贵的头，以卧薪尝胆收回旧山河。这是古人的典范。下面来看一位年轻人自述的一段经历：

1998 年的夏日，我在环球广告公司谋事，由于我年轻易冲动，便很轻易地得罪了经理。于是，在以后的日子里，每次开会我都自然而然地成为会议的第一个主题——挨批。被批得面目全非的我，真想一走了之。但是我转念想，如果真的走了，一些罪名不光洗不清，而且会被再次蒙上厚厚的污垢；再者，这是一家很有名气的广告公司，自己完全可以从中源源不断地得以"充电"。于是我坚持留了下来，整理好乱七八糟的心情，低头实干，以兢兢业业来为自己疗伤，以实实在在的业绩回击谎言。一笔又一笔的业务，增添了我的信心，也让我积攒下了许多经验财富。坦率地讲，最重要的是，从中总结出"给车胎放气"的处世哲学，使我终身受益。

学会退一步，低一低头，不会有损我们的"面子"。漫漫人生路，有时退一步是为了踏越千重山，或是为了破万里浪；有时低一低头，更是为了昂扬成擎天柱，也是为了响成惊天动地的风雷；如此的低一低头，即便今日成渊谷，即便今秋化作飘摇的落叶，明天也足以抵达珠穆朗玛峰的高度，明春依然会笑意盎然傲视群雄。

不争一时之输赢，那是徒劳无益的事

要在为人处世中减少别人的伤害，就必须学会忍耐。忍耐是我们人生过程中，任何人都要经受的最困难的一件事。一旦你忍耐的功夫练得炉火纯青，就能获得以柔克刚的效果。

富弼是北宋仁宗时的宰相，字彦同。因为大度，上至仁宗，下至文武官员都称他品行优良。

富弼年轻的时候，因聪明伶俐，巧舌如簧，常常在无意之间得罪一些人，事后，他自己也深为不安。经过长时期的自省，他的性格逐渐变得宽厚谦和。所以当有人告诉他某某在说他的坏话时，他总是笑着回答："你听错了吧，他怎么会随便说我呢？"

一次，一个穷秀才想当众羞辱富弼，便在街心拦住他道："听说你博学多识，我想请教你一个问题。"

富弼知道来者不善，但也不能不理会，只好答应了。

众人见富弼被人拦在街上，都涌过来看热闹。

秀才问富弼："请问，欲正其心必先诚其意，所谓诚意即毋自欺也，是即为是，非即为非。如果有人骂你，你会怎样？"富弼想了想，答道："我会装作没有听见。"秀才哈哈笑道："竟然有人说你熟读四书，通晓五经，原来纯属虚妄，富彦国不过如此啊！"说完，大笑而去。

富弼的仆人埋怨主人道："您真是难以理解，这么简单的问题我都可以对上，怎么您却装作不知呢？"

富弼说道："此人乃轻狂之士，若与他以理辩论，必会言辞激烈，气氛紧张，无论谁把谁驳得哑口无言，都是口服心不服。书生心胸狭窄，必会记仇，这是徒劳无益的事，又何必争呢？"

仆人却始终不理解自己的主人为何如此胆小怕事。

几天后，那秀才在街上又遇见了富弼。富弼主动上前打招呼，秀才不理，扭头而去。走了不远，又回头看着富弼大声讥讽道："富彦国乃一乌龟耳！"

有人告诉富弼那个秀才在骂他。

"是骂别人吧！"

"他指名道姓骂你，怎么会是骂别人呢？"

"天下难道就没有同名同姓之人吗？"

他边说边走，丝毫不理会秀才的辱骂。秀才见无趣，低着头走开了。

中国古代的名将韩信，家喻户晓，妇孺尽知，其武功盖世，称雄一时，他更是堪称善用以柔克刚之术的典型。

韩还未成名之前，并不恃才傲世、目中无人，相反倒是谦和柔顺，能屈能伸。

有一天，韩信正在街上行走。忽然，面前走出三四个地痞流氓。只见他们抱着肩膀，岔着双腿，趾高气扬地眯着眼睛斜视韩信。韩信先是一惊，随即便抱拳拱手道："各位仁兄，莫非有什么事吗？"

其中一个撇了撇嘴，怪笑道："哈哈，仁兄？倒挺会说话，哈哈，我们哥儿们是有点事找你，就看你敢不敢做啦！"

韩信依然很平静地说："噢？不知是什么事，蒙各位抬爱竟看得起我韩信？"

那些人都哈哈大笑起来，刚才说话的那人又说："哈哈哈，什么抬不抬的，我们不是要抬你，而是要揍你，哈哈哈——"

其他人也跟着失声怪气地笑着，指着韩信嘲笑他。

韩信看看他们，依旧平心静气地问："各位，不知我哪里得罪了大家，你我远日无仇，近日无冤，为什么要揍我，我实在不明白。"

那人怪笑三声，说："不为什么，只是听说你的胆子很大，今天我们几个想见识见识，看你到底有多大的胆子，是不是比我们哥儿们胆子还要大？"

韩信一听，这不是没事找事，故意为难自己嘛。他心中很是气愤，却又忍住了怒火，面上赔笑道："各位各位，想是有人信口误传，我韩某人哪里有什么胆识，又岂能跟你们相提并论，我没有胆识，没有胆识。"

那群人轻蔑地望着韩信，听他这样说，依然不肯放他过去。那领头之人"当啷"一声将宝剑抽出来，往韩信面前一扔，将头向前一伸，对韩信说："看你老实，今天我们不动手。你要有胆识，你把剑拿起来，砍我的脑袋，那就算你小子有种。要不然嘛，你就乖乖地从我的胯下钻过去，哈哈哈——"

韩信望望地上亮闪闪锋利的宝剑，又看了看面前岔腿仰头而立的地痞头头，皱了皱眉。围观的人早已议论纷纷，都非常气愤，让韩信去拿剑宰了这狂妄的小子。

韩信暗暗咬咬牙，却并未去拿那剑，而是缓缓地屈身下去，从那人的胯下爬了过去。众人无不惊愕，连那群流氓也怔在那里发呆。韩信则立起身掸尽尘土，头也不回，扬长而去。

从那以后，那群流氓再也没找过韩信的麻烦。而韩信后来功成名就，又提拔当年的那个流氓做了小小的官吏，那人自然是感恩戴德，尽心尽力。

韩信可谓一个聪明、顾大局的人。试想，如果当时韩信火冒三丈，一怒之下拾剑杀了那个人，那么必然会有一场恶战。胜负难料不说，纵使韩信胜了，也免不得要吃官司，凭空出横祸，那对他日后的发展定会产生很大的障碍或留下深深的隐患。

有些小事，承担了也就承担了

生活中的许多人常常因为别人不了解自己，因为自己被别人误解而苦恼，有些人天天为大事小事而向相干但不相信自己，或相信自己但不相干的人解释，忙得不可开交。其实，有时承担一些无关紧要的误解是最简单、最明智的选择。

主人沏好茶，把茶碗放在客人面前的小几上，盖上盖儿，当然还带着那甜脆的碰击声。接着，主人又想起了什么，随手把暖瓶往地上一搁。他匆匆进了里屋，而且马上传出开柜门和翻东西的声响。

做客的父女俩待在客厅里。10岁的女儿站在窗户那儿看花。父亲的手指刚刚触到茶碗那细细的把儿，忽然，"啪"的一声，跟着是绝望的碎裂声。

地板上的暖瓶倒了。女孩也吓了一跳，猛地回过头来。事情尽管极简单，但这近乎是一个奇迹：父女俩一点儿也没碰它，的的确确没碰它。而主人把它放在那儿时，虽然有点摇晃，可是并没有马上就倒。

暖瓶的爆炸声把主人从里屋"揪"了出来，他的手里攥着一盒方糖。一进客厅，主人下意识地瞅着热气腾腾的地板，脱口说了声："没关系！没关系！"

那父亲似乎马上要做出什么表示，但他控制住了。

"太对不起了，"他说，"我把它碰倒了。"

"没关系。"主人又一次表示这无所谓。

从主人家出来，女儿问："爸，是你碰的吗？"

"……我离得最近。"爸爸说。

"可你没碰！那会儿我刚巧在瞧你玻璃上的影儿。你一动也没动。"

爸爸笑了，"那你说怎么办？"

"暖瓶是自己倒的！地板不平。李叔叔放下时就晃，晃来晃去就倒了。爸，你为啥说是你……"

"这，你李叔叔怎么能看见？"

"可以告诉他呀。"

"那样不好，孩子。"爸爸说，"还是说我碰的好。这样，既不会伤害你李叔叔的面子，我也不会因难以证明自己而苦恼了。毕竟一只热水瓶值不了几元钱，不是什么大事，何必那么认真呢？"

其实，我们的心像钟摆一样在得失间摇摆，勇于承担、不去解释表面上看是失去了有些东西，可是仔细想想，在另一个方面，我们何尝不是得到了一些东西呢？

当你与人发生矛盾或冲突时，只要不是什么原则问题，你完全可以放弃争强好胜的心理，甚至甘拜下风，就可能化干戈为玉帛，避免两败俱伤；当你在家庭生活中发生摩擦时，放弃争执，保持缄默，就可以唤起对方的恻隐之心，使家庭保持和睦温馨。

贬斥别人是错误的，表面上你贬斥别人好像占了便宜，其实错了。得失都是一样，有得就有失，得就是失，失就是得，所以一个人到最高的境界，应该是无得无失。但是人们非常可怜，都是患得患失，未得患得，既得患失。我们的心，就像钟摆一样，得失、得失，就这么摇摆，非常痛苦。塞翁失马，你怎晓得是福还是祸呢？所以，在得失之间，不要把它看得太重。

"面子"是大家的，有时切莫"吃独食"

有人在荣誉面前，有"吃独食"的习惯，也就是说一个人把成果独吞，这样会引起他人的反感，从而为下一次合作带来障碍。由此，我们应懂得一点："面子"是大家的，有时切莫"吃独食"。正确对待荣誉的方法是：感谢、分享、谦卑。

美国有家罗伯德家庭用品公司，8 年来生产迅速发展，利润以每年 18%~20% 的速度增长。这是因为公司建立了利润分享制度，把每年所赚的利润按规定的比率分配给每一位员工，这就是说，公司赚得越多，员工分得也就越多。员工明白了"水涨船高"的道理，人人奋勇，个个争先，积极生产自不待说，还随时随地地挑剔产品的缺点与毛病，主动加以改进。

俗话说，有福同享，有难同担。当你在工作和事业上取得些成绩，小有成就时，当然是值得庆贺的，但是有一点，如果赢得这一点成绩是大家集体的功劳，或者离不开他人的帮助，那你千万别把功劳据为己有，否则他人会觉得你好大喜功，抢占了他人的功劳。如果某项成绩的取得确实是你个人的努力，当然应该值得高兴，而且也会得到别人对你的祝贺，但你自己一定要明白，千万别高兴得过了头。一方面可能会伤害有些人的自尊心，另一方面，现实社会中害"红眼病"的人不少，如果你过分狂喜，能不逼得人家眼红吗？

有一位列森先生很有能力，他是一家出版社的编辑，并担任下属一个杂志的主编。平时在单位里上上下下关系都不错，而且他还很有才气，工作之余经常写点东西。有一次，他主编的杂志在一次评选中获了大奖，他感到十分荣耀，逢人便提自己的努力与成就，同事们当然也向他表示祝贺。但过了一段时间，他失去了往日的笑容。他发现单位同事，包括他的上司和属下，似乎都在有意无意地和他过不去，并回避着他。

列森为什么会遇到这种结局？其实原因很简单，他犯了"独享荣誉"的错误。就事论事，这份杂志之所以能得奖，主编的贡献当然很大，但这也离不开其他人的努力，他们当然也应分享这份荣誉。他们不会认为某个人才是唯一的功臣，总是认为"没有功劳也有苦劳"，所以这位主编"独享荣誉"，当然会引起别人的不满。尤其是他的上司，更会因此而产生一种不安全感，害怕他功高震主。

所以，当你在工作上有特别表现而受到别人肯定时，千万要记住一点——别"吃独食"，否则这份荣耀会给你的人际关系带来障碍。当你获得荣耀时，应该做到以下几点：

（1）与人分享。即使是口头上的感谢也算是与他人分享，而且你也可以让更多的人和你一起分享，反正说几句话对你也没什么损失！当然别人倒并不是非得要分你一杯羹，但你主动与人分享，这让旁人觉得自己受到尊重。如果你的荣耀事实上是众人协力完成的，那你更不应该忘记这一点。你可以采取多种与他人分享的方式，如请大家喝杯咖啡，或请大家吃一顿。吃人的嘴软，拿人的手短，别人分享了你的荣耀，就不会为难你了。

（2）感谢他人。要感谢同仁的协助，不要认为都是自己一个人的功劳。尤其要感谢上司，感谢他的提拔、指导。如果事实正是这样，那么你本该如此感谢；如果同仁的协助有限，上司也不值得恭维，你的感谢也就更为必要，虽然显得有点虚伪，但是可以使你避免成为他人的箭靶。为什么很多人上台领奖时，他们首先要讲的话就是："我很高兴！但我要感谢……"原因是这种"口惠而实不至"的感谢虽然缺乏"实质"意义，但听的人心里都很愉快，也就不会妒忌你了。

（3）为人谦卑。有些人一旦获得荣耀，就容易忘乎所以，并从此自我膨胀。这种心情是可以理解的，但旁人就遭殃了，他们要忍受你的嚣张，却又不敢出声，因为你正是春风得意时。可是慢慢地，他们会在工作上有意无意地让你为难，让你碰钉子。因此有了荣耀时，要更加谦卑。不卑不亢不容易，但"卑"绝对胜过"亢"，就算"卑"得过分也没关系，别人看到你如此谦卑，当然不会找你麻烦，和你作对了。

当你获得荣耀时，对他人要更加客气，荣耀越高，头要越低。另一方面，别老是说起你的荣耀，说得多了，就变成了一种自我吹嘘，既然别人早已知道你的功劳，那你又何必总是经常提起呢？

其实，别独享荣耀，说穿了就是不要去威胁别人的生存空间，因为你的荣耀会让别人产生一种不安全感。而当你获得荣誉时，你去感谢他人、与人分享、为人谦卑，这正好让他人吃下了一颗定心丸，人性就是这么奇妙，没什么话好说。

因此，当你获得荣耀时，一定要记住以上几点。如果你习惯了独享荣耀，那么总有一天你会独吞苦果！

给人一个美名，并使之努力保全

我们不赞同面子心理给人生带来的负面影响，但并不意味着不去维护别人的面子。学会恰如其分地送给人一个美名，让对方感觉面子增光，别人会回报我们很多。

琴德夫人最近雇了一个女仆，并告诉她下星期一上工。在这时候，琴德夫人打电话给那女仆以前的女主人，知道她一切都不好。当女仆来上工的时候，琴德夫人说："赖莉，我那天打电话给你以前做事的那家太太，她说你诚实可靠，会做菜，会照顾孩子，但她说你不整洁，从不将屋子收拾干净。现在我想她是在说谎，你穿得很整洁，人人可以看得出。我打赌你收拾屋子一定同你的人一样整洁干净。你也一定会同我相处得很好。"

她们后来真的相处得很好。赖莉要顾全名誉，并且她真的顾全了。她把屋子收拾得一尘不染，她情愿多用一小时打扫，而不愿使琴德夫人对她的希望落空。

"平常人，"一位工厂经理华克伦说，"如果他得到你的尊重，并且你对他的某种能力表示认可，他就很容易受到引导。"

简言之，如果你要在某方面改进一个人，就要做得好像那种特点已经是他的显著特性之一。莎士比亚说："假定一种美德，如果你没有。最好是假定，并公开地说，对方有你要他发展的美德。给他一个好名誉去实现，他便会尽力去做，而不愿看你失望。"

雷布兰克在她的纪念物《我同马克林的生活》一书中曾叙述过一个卑贱的比利时女仆的惊人变化：

一个女仆从一家邻近的旅馆给我送饭，我称她为"洗碗的玛莉"，因为她开始她的职业时是一个厨师的助手。她好像是一个鬼怪，斜眼，弯腿，是一个肉体及精神都可怜的人。

有一天，当她用她的红手托着一盘面送给我时，我爽直地对她说："玛莉，你不知道你身上有什么宝藏。"

惯于约束情绪的玛莉等了几分钟，不敢冒险表示一点态度，恐怕惹祸。她将盘子放在桌上，叹了口气，巧妙地说："夫人，我以前从来不会相信的。"她没有怀疑，没有发问，只是回到厨房，反复我所说的话，信心非常之大。从那天起，虽然有人给她相当的体恤，但最奇怪的变化，却发生在卑微的玛莉本身。她相信她身上有一种看不见的东西，她开始非常小心地留意她的面部及身体，并将她的平凡之处遮掩起来，使她干枯的青春好像开起花来了。

两个月后，在我要离开的时候，她宣布她将要同厨夫的侄子结婚。"我将要做太太了。"她说着并向我致谢。一小句话改变了她整个的人生。

当吕士纳要影响在法国的美国士兵的行为时，他也采用了同样的办法。哈伯德将军——一位最受人欢迎的美国将军，曾经告诉吕士纳说，按他的意见，在法国的 200 万美国兵，是他曾读到过或接触过的最清洁、最合乎理想的人。

过分的称赞吗？或许是的，但且看吕士纳如何应用它。

"我从未忘记告诉兵士们那将军所说的话，"吕士纳写道，"我一刻也不怀疑它的真实性，但我，即使不真实，知晓哈伯德将军的意见将激励他们努力达到那个标准。"

有一句古语说："给狗一个恶名，不如把它吊死。"但给它一个好名——看有何结果！

差不多每一个人——富人、穷人、乞丐、盗贼——保全所赐予他的这诚实的名誉。

"如果你必须应付盗贼，"狱长劳斯说，"只有一个可能的方法可以制服他——待他好像他是一个很体面的君子。假定他是规规矩矩的，因之他会有所反应，并把有人信任他引以为豪。"

所以，我们应记住这样一个原则：给人一个美名，并使之努力保全。

给别人一个台阶下，就是给自己一个台阶上

俗话说：人有脸，树有皮。此话道出了人性的一大特点：爱面子。可是我们不能只爱自己的面子，而不给他人面子。每个人都有一道最后的心理防线，一旦我们不给他人退路，不让他人走下台阶，他只好使出最后的一招——自卫。因此，当我们遇事待人时，应谨记一条原则：别让人下不了台阶。

几年前，通用电气公司碰到了一个棘手的问题，公司不知该如何安排一位部门主管查理·史坦梅兹的新职务。史坦梅兹原先在电气部门的时候，是个一级天才，但后来调到计算部门当主管后，却发现现在的工作非己所长，不能胜任。但公司领导不愿伤他自尊，毕竟他是一个不可多得的人才——何况他还处事十分敏感。于是，当局给了他一个新头衔：通用公司咨询工程师——工作性质仍与原来一样——只是另换他人去主管那个部门。

史坦梅兹对于这一结局当然很高兴。通用公司当然也很高兴，因为他们终于把这位易怒的明星遣调成功，而且没有引起什么风波——因为他仍保留了面子。

保留他人的面子，这是一个何等重要的问题！而我们很少会考虑到这个问题。我们常喜欢摆架子、我行我素、挑剔、恫吓、在众人面前指责孩子或雇员，而没有多考虑几分钟，讲几句关心的话，为他人设身处地地想一想，要是这样，就可以缓和许多不愉快的场面。

下一次，当我们必须解雇员工或惩戒他人的时候，不要忘了这一点。

一位审定合格的会计师马歇·葛伦杰说："解聘别人并不有趣，被人解雇更是没趣。我们的业务具有季节性，所以，在所得税申报热潮过了之后，我们得让许多人走路。我们这一行有句笑话：没有人喜欢挥动斧头。因此，大家变得麻木不仁，只希望事情赶快过去就好。通常，例行谈话是这样的：'请坐，史密斯先生。旺季已经过去了，我们已没什么工作可以给你做。当然，你也清楚我们只是在旺季的时候雇用你，因此……'

"这种谈话会让当事人失望，而且有种伤及尊严的感觉。所以，除非不得已，我绝不轻言解雇他人，而是会婉转地告诉他：'史密斯先生，你的工作做得很好（如果他确实做得很好）。上次我们要你去纽瓦克，那工作很麻烦，而你处理得很好，一点也没有出差错，我们要你知道，公司十分引你为荣，也相信你的能力，愿意永远支持你，希望你别忘了这些。'结果如何？被遣散的人觉得好过多了，至少不觉得'伤及尊严'。他们知道，假如我们有工作的话，还是会继续留他们做的。或是等我们又需要他们的时候，他们还是很乐意再回来。"

宾州的佛雷德·克拉克谈到了发生在他们公司的一段插曲。

"有一次开生产会议的时候，副总裁提出了一个尖锐的问题，是有关生产过程的管理问题。由于他气势汹汹，矛头指向生产部总督，一副准备挑错的样子。为了不愿在同事面前出丑，生产部总督对问题避而不答。这使副总裁更为恼火，直骂生产总督是个骗子。

"再好的工作关系，都会因这样的火爆场面而毁坏。凭良心说，那位总督是个很好的雇员。但从那天开始，他再也不能留在公司里了。几个月后，他转到了另一家公司，据说表现很不错。"

安娜·玛桑也谈到相同的情形，但因处理方法不同，结果也不一样。玛桑小姐在一家食品包装公司当市场调查员，她刚接下第一份差事——为一项新产品做市场调查。她说道："当结果出来的时候，我几乎崩溃，由于计划工作的一系列错误，整个结果当然完全错误，必须从头而来。更糟的是，报告会议即将开始，我已经没有时间同老板商量这件事了。

"当他们要求我做报告的时候，我吓得发抖。我尽量使自己不致哭出来，免得又惹得大家嘲笑，因为太过于情绪化了。我简短地说明了一下情形，并表示要重新改正过来，以便在下次会议时提出。坐下后，我等待老板大发雷霆。

"出乎意料的，他先感谢我工作勤奋，并表示新计划难免都会有错。他相信新的调查一定正确无误，会对公司有很大助益。他在众人面前肯定我，相信我已尽了力，并说我缺少的是经验，而非能力。

"我挺直胸膛离开会场，并下定决心不再有第二次这种情形发生。"

纵使别人犯错，而我们是对的，如果没有为别人保留面子，就会毁了一个人。

必要的时候沉默，也是一种修养

在受到欺骗的时候，或是面子受到挑战的时候，理性地换一种温和的方式维护别人的自尊和面子，是深具涵养的表现。

多年以前，莱德勒被安排在一艘停泊于重庆的美国海军炮艇上工作。他当时还只是一个低级的尉官，但竟突然间轻易地出了名。在一次当地举办的"不看样品的拍卖会"上，他对一个密封的大木箱喊了个价。箱子沉甸甸的，谁也不知里面装的是什么。但在场的人都肯定箱内装满了石块，因为那个拍卖商一向是以他的恶作剧而闻名的。

莱德勒出价30美元。拍卖商指着他喊道："卖了！"这时有人小声地说："又一个受骗的美国佬！"但是当莱德勒打开木箱时，周围发出了一片嗡嗡的议论声，有懊悔的，也有羡慕的。大木箱内装的是两箱威士忌酒，这在战争时的重庆是极为珍贵的。

英国领事馆的一个秘书出30美元向莱德勒买了一瓶。还有人出更高的价，但莱德勒都一一回绝了。他不久就要被调走，正打算开一个大型的告别酒会。

此时，欧内斯特·海明威到了重庆。他犯了酒瘾。有一天，他来到炮艇上，对莱德勒说："我听说你有两箱醉人的玩意儿。"

"是啊。"

"我买六瓶，你要什么价？"

"对不起，先生，我不卖。我留着是为了一旦接到调令离开这儿时，好好热闹一番。"

海明威掏出一大卷美钞，说："给我六瓶，你要什么都行。"

"什么都行？"

"你说个价吧。"

莱德勒想了想说："好吧，我用六瓶酒换你六堂课，教我如何成为一个作家。"

"这个价可够高的，"他说，"真见鬼，老兄，我可是花了好几年的工夫才学会干这一行的啊。"

"而我却有好几年在拍卖时上当受骗，这才交上了好运。"

海明威做了个鬼脸，"成交了。"

莱德勒递给他六瓶威士忌。接着的五天里，海明威给莱德勒上了五堂课。他真是个了不起的老师，此外，他还喜欢开玩笑。莱德勒也不时地取笑他，特别是拿威士忌当笑料。"你知道，海明威先生，我在拍卖时投个机肯定是值得的。首先，我使那个拍卖商上了当，此外，我还震惊于那些太胆小而不敢出价的顾客。而此刻，我用六瓶威士忌正在得到美国最出名的作家辛苦摸索到的从事写作的诀窍。"

海明威眨了眨眼说："你是个精明的生意人。我只是想知道，其余的酒你曾偷偷灌下了多少瓶？"

"我一瓶还没打开呢，"莱德勒说，"我要把每一滴都为我的大型酒会留着。"

"孩子，我想向你提一点我个人的忠告。千万不要迟疑，去打开一瓶威士忌酒。应尽快地去尝试一下。"

海明威因事要提前离开重庆。为了跟他学完最后一堂课，莱德勒陪他一起去机场。

"我并没有忘记，"海明威说，"我这就给你上课。"

飞机的发动机已在轰鸣，他凑近莱德勒的耳朵说："你在描写别人以前，首先自己得成为一个有修养的人。为此，你必须做到两点：第一，要有同情心；第二，要能够以柔克刚。千万不要讥笑一个不幸的人。而当你自己不走运的时候，不要去硬拼，要随遇而安，然后去挽回败局。"

"我不明白，这对于一个作家有什么相干？"莱德勒对他说的不怎么理解，便打断他的话头。

"这对于你的生活是至关重要的。"海明威一字一顿地说。

搬运工人已在装行李了，海明威向飞机走去。在半道上，他转过身来喊道："朋友，你在为你的狂欢会发出请柬以前，最好把你的酒先抽样检查一下！"

几分钟后，飞机已升入蓝天。莱德勒回到藏酒的地方，打开了一瓶，接着开了一瓶又一瓶，里面装的全是茶。原来，那个拍卖商还是把他给骗了。

海明威当然在一开头就知道了实情，但他只字未提，也没有讥笑莱德勒，并且愉快地遵守了交易中他应承担的部分。此时，莱德勒才懂得了海明威教导他要做一个有修养的人的含义。

人都是有缺点的，要指出别人的失误之处是很容易的事。但是有一点，我们自己同样也不完美，同样可能遭到别人的指责或嘲笑。因此，以冷静、礼貌的态度对待别人是非常必要的，你也会因此赢得对方的尊重。

进一步山穷水尽，退一步海阔天空

在狭窄的道路上经过，给别人让路为好；酒喝到一定程度一定要留三分量才是最佳境界，不必为了面子硬撑到底。

清朝乾隆年间，郑板桥正在外地做官。

忽然有一天，收到在老家务农的弟弟郑墨的一封来信。弟兄俩经常通信，然而这一次却非同寻常。原来弟弟想让哥哥出面，到当地县令那里说说情。

这一下子弄得郑板桥很不自在。郑墨粗识文墨，原也不是个好惹是生非之徒，只是这次明显受人欺侮，心里的怨恨实在咽不下去。

原来，郑家与邻居的房屋共用一墙。郑家想翻修老屋，邻居出来干预，说那堵墙是他们祖上传下来的，不是郑家的，郑家无权拆掉。其实，这契约上写得明明白白，那堵墙是郑家的，邻居借光盖了房子。这官司打到县里，尚无结果，双方都难免求人说情。郑墨自然想到了做官的哥哥。想来有契约在，再加上哥哥出面说情，官官相护嘛，这官司就必赢无疑了。

郑板桥考虑再三，给弟弟写了一封劝他息事宁人的信，同时寄去一个条幅，上面写着"吃亏是福"四个大字。同时又给弟弟另附了一首打油诗：

千里告状为一墙，让他一墙又何妨；
万里长城今犹在，何处去找秦始皇。

郑墨接到信，羞愧难当，当即撤了诉，向邻居表示不再相争。那邻居也被郑氏兄弟的一片至诚之心所感动，表示也不愿继续闹下去。于是两家重归于好，仍然共用一墙。这在当地一直传为佳话。

郑板桥让弟弟"让墙"，维护了邻里间的团结。历史上有一则邻国之间因种瓜产生误会，后又达到和解成为睦邻的故事，更让人深受感动。

故事发生在战国时代，梁国与楚国相邻，两国在边境上各设界亭，亭卒们也都在各自的地界里种了西瓜。梁亭的亭卒勤劳，锄草浇水，瓜秧长势极好；而楚亭的亭卒懒惰，不懂瓜事，瓜秧又瘦又弱，与对面瓜田的长势简直无法相比。

楚亭的人觉得失了面子，有一天乘夜无月色，偷跑过去把梁亭的瓜秧全给扯断了。

梁亭的人第二天发现后，气愤难平，报告给边县的县令宋就，说我们也过去把他们的瓜秧扯断好了！

宋就说："这样做当然是很卑鄙的，可是，我们明明不愿他们扯断我们的瓜秧，那么为什么再反过去扯断人家的瓜秧？别人不对，我们再跟着学，那就太狭隘了。你们听我的话，从今天起，每天晚上去给他们的瓜秧浇水，让他们的瓜秧长得好，而且，你们这样做，一定不能让他们知道。"

梁亭的人听了宋就的话后觉得有道理，于是就照办了。楚亭的人发现自己的瓜秧长势一天好似一天，仔细观察，发现每天早上地都被人浇过了，而且是梁亭的人在黑夜里悄悄为他们浇的。

楚国的边县县令听到亭卒们的报告后，感到十分惭愧又十分敬佩，于是把这件事报告了楚王。楚王听后，有感于梁国人修睦边邻的诚心，特备重礼送给梁王，既以示自责，亦以示酬谢，结果这一对敌国成了友好的邻邦。化干戈为玉帛，需要的是胸怀和智慧，还有就是放眼长远的人生境界。

让善意的掌声响起来

这是一个著名的颁奖典礼，美国演员工会的大牌演员，他们济济一堂。

第一位获奖的女配角上台了。在高密度的关注之下，她有些激动，一开始还找不准自己的语调，但很快便平静下来，展开了对自己演艺生涯的简短回顾。她说，她多年来一直默默无闻，有过怀疑，想到过放弃，但出于对演员这一行业的热爱，她坚持了下来。她说她为自己是一名演员而骄傲。这番话说得相当动人，说完后掌声响成一片。

又一位获奖的男演员走上领奖台。这是一位老演员，看起来有五六十岁了，他在美国收视率甚高的《西厅》剧中扮演重要角色。掌声平息后，所有人都期待地看着他，等着他说些什么。令人吃惊的是，他却紧张得几乎说不出话。他想进行一番例行的感谢，可是居然想不起他们的名字。他不断地重复着："Oh, my……"不断地扯着自己脖子前的领结，似乎想把它揪下来，他一定有窒息之感。

这真是令人揪心的时刻。幸亏他还想起了一句，并且毫不犹豫地说出来了："猴子爬得越高，它的红屁股就越显眼……"他的自我解嘲得到了很多理解的掌声。他又说，他现在正在把自己最糟糕的一面赤裸裸地呈现在人们面前。

掌声更热烈了……

获得最佳女演员的是朱莉娅·罗伯茨。看到她款款走向领奖台，人们想，这位早已经历过奥斯卡颁奖典礼等无数大场面的世界级影星该会有一番非常得体的说辞吧。可是，完全出乎所料，在目光和镜头的烤炙之下，"大嘴美人"几乎没有说出一句完整的句子。这个时候人们可以感受到什么叫"语无伦次"，因为"大嘴美人"只是在痛苦地挣扎着发出一些声音而已，没有逻辑，没有语法，没有修辞，也没有仪态。她其实早已成百上千次地面对镜头，面对人群，可是，她依然紧张得一塌糊涂。伴随着杂乱无章的手势和支离破碎的语音，意味复杂的泪水涌出了朱莉娅·罗伯茨的眼睛。

此时，温暖的、善解人意的、给人无限宽慰和鼓励的掌声依然响起，甚至更为热烈，更为持久。这是一片善意的人性化的掌声，它仿佛在告诉那个处于被关注中心、正在经受着煎熬的人：亲爱的，我们理解你，在你的境地，我们不会表现得比你更好，我们愿意用心来鼓励你的勇敢，同时一起分担你独自承受的压力。学会给别人一片善良的掌声，不是浅显地维护别人的"面子"，而是从心灵深处给别人一种人性的关怀。

巴西足球队 1958 年第一次赢得世界杯冠军回国时，专机一进入国境，16 架喷气式战斗机立即为之护航，当飞机降落在道加勒机场时，聚集在机场上的欢迎者达 3 万人。从机场到首都广场不到 20 公里的道路上，自动聚集起来的人群超过了 100 万。多么宏大和激动人心的场面！然而前一届的欢迎仪式却是另一番景象。

1954 年，巴西人都认为巴西队能获得世界杯赛冠军。可是，天有不测风云，在半决赛中巴西队却意外地败给了法国队，结果那个金灿灿的奖杯没有被带回巴西。球员们悲痛至极，他们想，去迎接球迷的辱骂、嘲笑和汽水瓶吧，足球可是巴西的国魂。

飞机进入巴西领空，他们坐立不安，因为他们心里清楚，这次回国凶多吉少。可是当飞机降落在首都机场的时候，映入他们眼帘的却是另一种景象。巴西总统和 2 万多名球迷默默地站在机场，他们看到总统和球迷共举一条大横幅，上面写着：失败了也要昂首挺胸。

队员们见此情景顿时泪流满面。总统和球迷们都没有讲话，他们默默地目送着球员们离开机场。4 年后，他们终于捧回了世界杯。

一笑而过的都是玩笑，心心念念的才是问题

有报纸的消息说道，一群好朋友，原本欢欢喜喜地去饮酒，酒下肚没过多久，大伙你一句，他一句开玩笑，突然盘飞菜溅，大伙打成了一团。探讨原因，也不过是某甲说了某乙性无能，某乙认为伤了男性的自尊心，一定要讨回面子而已。小小的一个玩笑演变成你死我伤的局面，怎不令人唏嘘？

世上有许多类似的情节，皆为一句话、一个小举动弄得反目成仇，想想有此必要大发脾气吗？俗语云："小不忍则乱大谋。"真是一点也不假。

发生这种情形，大部分都是人为了一点小事争执，也为一张面子而已，弄得你死我活。想想，面子真有那么重要吗？假使任何人皆为了一张面子与老朋友、与亲人、与同仁大动干戈，试问面子值多少钱？有必要伤了彼此间的感情与和气吗？说实在的，人活在世上没有多少年，生命够短暂了，哪有那么多余的时间为此斤斤计较？

星云大师时常告诫他的弟子"退一步海阔天空"，简简单单的七个字，蕴藏了多少人生哲理与经验？真是值得我们好好学习的。

说起"退一步海阔天空"，那种给自身留下一个宽广的空间，是多么的具有智慧的言行。怪不得星云大师能在佛教界中占一席之地，这不是没有原因的。看看由这句"退一步海阔天空"延伸出来的意象，你就会体察到它的确是美好的境界：看电影，抢位子，抢到最前头，离影幕太近了，眼睛就会受不了，到中间或后面视觉才会感到舒适；看别人，都用放大镜看，其脸上的坑坑洞洞一目了然，美感就会尽失。而睁一只眼闭一只眼，退到适当的位置，再去看看对方，原来任何人都很美；上车人挤，位子太少，当你挤上了位子，你坐着，老人站着，试问你，你会坐得很舒坦吗？此时起身让老人坐，你没有位子可坐，他坐了，他微笑，你心喜，请问此情此景不是很祥和美好吗？

这些意象情境，其实都是"退一步海阔天空"的延伸。假使我们每个人均能悟得与体会其中的含义，深信我们日后就不会再为了一点小事而与他人起争执。

一个人能悟此理，且能品尝其中滋味，深信我们就能感受到"退一步海阔天空"的悠游自在的生活。

过把嘴瘾烦死人：一句多余的话

　　公共汽车上人不多，但也没有空位子，有几个人还站着，吊在拉手上晃来晃去。

　　一个年轻人，身旁有几个大包，手里拿着一张地图在认真地研究着，眼里不时露出茫然的神色。他犹豫了半天，很不好意思地问售票员："去颐和园应该在哪儿下车啊？"售票员是个短头发的小姑娘，正剔着指甲缝呢。她抬头看了一眼小伙儿说："你坐错方向了，应该到对面往回坐。"

　　要说这些话也没什么错，小伙儿下站下车到马路对面去坐也就是了！但是售票员可没说完，她又说："拿着地图都看不明白，还看个什么劲儿啊！"

　　外地小伙儿是个有涵养的人，他嘿嘿笑了笑。旁边有个大爷听不下去了，他对外地小伙儿说："你不用往回坐，再往前坐四站换904也能到。"要是他说到这儿也就完了，那还真不错，既帮助了别人，也挽回了北京人的形象。可大爷又说了一句："现在的年轻人哪，没一个有教养的！"

　　站在大爷旁边的一位小姐不爱听了："大爷，不能说年轻人都没教养吧，没教养的毕竟是少数嘛！"这位小姐显得真有教养——要不是又说了那最后一句话："就像您这样上了年纪看着挺慈祥的，不也有很多不干好事的吗？"

　　马上就有几个老年人指责起了那位小姐……

　　这么吵着闹着车就到站了。车门一开，售票员小姑娘说："都别吵了，该下车的赶快下车吧，别把自己的正事儿给耽误了……再吵下去车不走了啊！烦不烦啊！"

　　烦！不仅她烦，所有乘客都烦了！骂售票员的，骂外地小伙儿的，骂那位小姐的，骂天气的……别提多热闹了！

　　那个外地小伙儿一直没有说话，最后他实在受不了了，大叫道："别吵了！都是我的错，我自己没看好地图，让大家跟着都生了一肚子气！大家就算给我个面子，都别吵了行吗？"听到他这么说，当然车上的人都不好意思再吵了，声音很快平息下来。可是谁也想不到这小伙儿又来了一句："早知道北京人都是这么一群不讲理的王八蛋，我还不如不来呢！"

某些时候，多说一句话过把嘴瘾，面子上可能暂时舒服些，但给自己和别人带来的烦恼却常常会维持几天。与其这样，在无关紧要的时候，何不少说一句呢？毕竟，挣面子的方式不在于多说一句多余的话。

有些事，没必要争出个谁输谁赢

学会认输，不是面子问题，而是一种处世哲学。

在生活中，一个人如果听惯了这些词汇：百折不回、坚持不懈、前仆后继、永不言退……那么，他需要学会认输。

戴尔·卡耐基在人际关系上也有过失误。第二次世界大战刚结束的某一天晚上，他在伦敦参加一场宴会。宴席中，坐在他右边的一位先生讲了一段幽默故事，并引用了一句话："存在，还是不存在，这是一个问题。"那位健谈的先生说，他所引用的这句话出自《圣经》。

"他错了，"卡耐基回忆说，"为了表现优越感，我很讨厌地纠正他。他立刻反唇相讥：'什么？出自莎士比亚？不可能！绝对不可能！那句话出自《圣经》。'

"我的老朋友法兰克·葛孟坐在我左边。他研究莎士比亚的著作已有多年，于是我俩都同意向他请教。葛孟听了，在桌下踢了我一下，然后说：'威尔，你错了，这位先生是对的。这句话出自《圣经》。'

"那晚回家的路上，我对葛孟说：'法兰克，你明明知道那句话出自莎士比亚。''是的，当然，'他回答，'《哈姆雷特》第五幕第二场。可是亲爱的戴尔，我们是宴会上的客人。为什么要证明他错了？那样会使他喜欢你吗？为什么不给他面子？他并没有问你的意见啊。他不需要你的意见。为什么要跟他抬杠？有时候，在无谓的争论中学会认输也是一种聪明的处世之道。'"

学会认输，就是知道自己在摸到一手差牌时，不要再希望这一局自己是赢家，而是尽量让对方得分少些，把自己得分的希望寄托于下次。可是在实际生活中，能像打牌时这样明智的却少之又少，想想看，你手上是不是正捏着一手差牌，舍不得丢掉？

学会认输，就是车轮陷进泥塘里的时候，知道及时倒车，远远地离开那个泥塘。有人说，这个谁不会呀！但现实生活中，不会的人多了。那个泥塘也许是个死气沉沉的单位，也许是个没有前途的投资项目，也许是个"三角"或"多角"恋爱，也许是个当作家的梦……

学会认输，就是在被狗咬一口时，不去下决心也要咬狗一口；就是面对一堵即将倒塌的墙，赶快躲避；就是当恋人变心的时候，不再相信海枯石烂的誓言；就是上错了公共汽车时，及时下车，另坐一辆。

有人会说，这有什么不懂，又不是傻子，不过很多人在现实生活中，被另一类狗咬以后，很难做到不去跟狗较劲。一旦在公共汽车上发觉自己坐错了，就不太愿意下车。于是就努力向售票员证明是他的错，是他没有阻止自己登上汽车；于是就试图努力说服司机，要他改变行车路线；于是就下决心消灭这辆汽车——因为消灭一个错误也是一件伟大的事业；于是就坚持坐到底，错误地以为在 999 次失败后，也许就是最后的成功。

人生道路上，我们常常被高昂而光彩的词句弄昏了头，以不屈不挠、百折不回的精神坚持，死不认输，从而输掉了自己！学会认输应该是最基本的生活常识，这不是软弱，而是聪明。

平心静气地说一句"没关系"

在这个世界上，每个人都以自己这个独立的个体存在。你只能以自己的方式歌唱，以自己的方式绘画。你是由你的经验、你的环境、你的遗传基因，尤其是你对自己的期望所造成的。不论好与坏，你只能耕耘自己的小园地，只能在生命的乐章中奏出自己的音符。

当你了解到自己，知道了自己的长处，你就会扬长避短，而不会用自己的短处去和人家的长处相撞击，也不会为本来就不可能成功的事情而发愁、怨恨自己。成功属于你，失败也属于你。而摆脱失败，关键是摆脱失败带来的沮丧、消极的情绪。捶打自己的脑壳，无休止地长吁短叹，于事无补。

生活并不像我们想象的那样美满、如意，生活只是生活本身，而人们总是愿意用希望去看待生活：我希望……如何如何。可当你一旦发现，生活并不是按照你所希望的样子出现在你面前的时候，那就请你从烦恼中跳出来，像那位智者一样，说一句"没关系"。

人活在世上，不是孤孤单单的一个人，周围有着各式各样的人。在和生活中的人打交道时，不可能特别认真。假如过于认真的话，你就会发现，在生活中，做人难，做一个好人更难。豁达是一个人的美德，豁达的胸怀能包容一切。

在拥挤的公共汽车上，有人踩了你一脚，要想说一句"没关系"实在不容易。车挤，开得慢，对于着急上班的人来说本来就有说不出的窝火，再加上脚上火辣辣的疼，能不火大气粗吗？可是争吵又有什么用？它只能把你不痛快、烦躁的情绪通过争吵发泄出来，传染给别人，于汽车的行进、拥挤的缓和没有一点帮助。相反，在这种你无法改变的现状中，你应该把握好自己的情绪，并想到大家彼此的情绪都处于烦躁、不安、易于激动的状况之中。说不定不小心踩你脚的人，也是一肚子的火，满脑门子的气，正无处发泄呢！这时候，最好的办法就是平心静气地说一句"没关系"，然后耐心地等待。

当然，在有些场合，说出这三个字并不是一件轻而易举的事情。

当你对心爱的人献出了你全部的爱情之后，她（他）却无情地离开了你，这对你来说，无论如何也不能用"没关系"轻松地愈合你那流泪、滴血的心。往日那情意绵绵、两情依依的情景，无法一下子从你的脑际消失，相反，在这种时候，那些平时的芥蒂反而不见了，留下的都是让人无法忘却的情和意。你深深地陷入失却了爱人却无法失却对爱人的爱这苦恼的深渊里。怀恋的尽头成了怨恨，怨恨又产生了报复，而报复难免两败俱伤。假如你能豁达地对待这些，对自己说一句"没关系"，从苦恼中解脱出来，那么"失之东隅，收之桑榆"也不是不可能的。

对生活中的一些事，我们不能不认真对待，据理力争，如是与非、真理与谬误等。对某些人，也不能不闻不问，任其肆无忌惮。但是，当他们最终意识到自己的谬误时，我们仍可以大度地说一声"没关系"，因为我们恪守的是对事不对人的原则，其着眼点并不在于人如何，而是事情的结果如何。

在生活中，最能平和不良心态的三个字是：没关系。

生活中发生的一切，都是生活的一部分，失去的还会再来，本属于你的东西，绝不会与你交臂而过。学会说"没关系"，你会觉得生活中增加的不是苦恼，而是欢乐。

良言一句三冬暖，恶语伤人六月寒

幽默的人一般都心怀善意，他们想做的只不过是要多给人增加一份快乐而已。但无论如何，幽默也有伤人的可能，其界限是很难分的。但开玩笑必须随时记住这一点，即适可而止，否则一步走错弄巧成拙便得不偿失。

如女人开男人的玩笑，最值得注意的也许就是自尊心的问题。自尊心是不容人刺伤的，所以若是要开玩笑，应尽量开自己的玩笑！许多厉害的幽默，一定要指着自己来说！万一说了过分伤人的话，一定要诚心诚意地道歉，不能就此放任不管。

相反，当自己被开了过分的玩笑时，一定要当作仅仅是开玩笑而已。如此一来，对方也会不好意思。遇到这种事时，胸怀千万要宽大。另外，开玩笑时要注意如下几点：

第一，注意格调。玩笑应该有利于身心健康，增进团结，摒弃低级庸俗。

第二，讲究方式。也就是要因人而异，对性格开朗、喜欢说笑的人，开些"国际玩笑"也无妨，而对性格内向、少言寡语的人，一般不要过分地开玩笑。

第三，掌握分寸。俗话说，凡事有度，适度则益，过度则损。

第四，避人忌讳。几乎每个人都或多或少地有自己的忌讳，所以，开玩笑时一定要小心避之。

当然，也有极少数人利用幽默的形式专讲刻薄话，既伤人又损己，他们专门去打击别人的自尊心，毫不在乎地讲出对方耿耿于怀的话。例如，有关别人的命运，他们所生长的社会环境，有关他们双亲在社会上的地位或者他们的职业，等等。

世上本来就有很多不幸的人，有的出生之后即背负了身体上的缺陷，而更值得同情的是：他们之所以如此，并非自己心甘情愿的。因此，凡是有怜悯之心的人，都不应该以他们身体上的缺陷为话题。事实上，这也是与人交往时必须注意的一种礼节。

当着别人的面说那种伤人心灵的话，这是非常不人道的。例如，有些人常常使用非常刻薄的言语，如"睁眼瞎""拖油瓶""杂种""拖累人的废物""坏胚子"等，这些字眼是极为伤人的。我们不妨设身处地地想一想，如果自己被如此称呼时，心中将有何感觉呢？

第三章 沉默的修养：

忍一时，赢一世

欲成大事者，都能忍一时之气

中国人在社会上做人向来提倡"以忍为上""吃亏是福"，这是一种玄妙的处世哲学。常言道：识时务者为俊杰。所谓俊杰，并非专指那些纵横驰骋如入无人之境，冲锋陷阵无坚不摧的英雄，而应当包括那些看准时局，能屈能伸的处世者。

汉初张良原本是一个落魄贵族，后来作为汉高祖刘邦的重要谋士，运筹帷幄之中，辅佐高祖平定天下，因功被封为留侯，与萧何、韩信一起称为汉初"三杰"。

张良年少时因谋刺秦始皇未遂，被迫流落到下邳。一日，他到沂水桥上散步，遇一穿着短袍的老翁。老翁故意把鞋甩到桥下，然后傲慢地差使张良说："小子，下去给我捡鞋！"面对那人的侮辱，张良愕然，不禁握拳想要打他。但碍于对方为长者之故，不忍下手，只好下去取鞋。老人又命其给穿上。饱经沧桑、心怀大志的张良，对此带有侮辱性的举动，居然强忍不满，膝跪于前，小心翼翼地帮老人穿好鞋。老人非但不谢，反而仰面长笑而去。张良呆视良久，老人又折返回来，赞叹说："孺子可教也！"遂约其五天后的凌晨在此再次相会。张良迷惑不解，但反应相当迅捷，跪地应诺。

五天后，鸡鸣之时，张良便急匆匆地赶到桥上。不料老人已经到达，斥责他："你为什么迟到，再过五天早点来。"直到第三次，张良半夜就去桥上等候。

他的真诚和隐忍博得了老人的赞赏，这才送给他一本书，说："读此书则可为王者师，十年后天下大乱，你用此书兴邦立国；十三年后再来见我。我是济北毂城山下的黄石公。"说罢扬长而去。

张良惊喜异常，天亮看书，乃《太公兵法》。从此，张良日夜诵读，刻苦钻研兵法，俯仰天下大事，终于成为一个深明韬略、文武兼备、足智多谋的"智囊"。

现实生活是残酷的，很多人都会碰到不尽如人意的事情。残酷的现实需要你对人俯首听命，这样的时候，你必须面对现实。要知道，敢于碰硬，不失为一种壮举。可是，胳膊拧不过大腿，硬要拿着鸡蛋去与石头斗狠，只能算作无谓的牺牲。这样的时候，就需要用另一种方法来迎接生活。

不妨拿出一块心地，单搁不平之事，闭起双眼，权当不觉。

古人说："小不忍则乱大谋。"坚韧的忍耐精神是一个人个性意志坚定的表现，更是一个人处世谋略的运用。尤其在人生上难得事事如意，失面子是常有的事，学会忍耐，婉转退却，可以获得无穷的益处。在人际交往中，如果我们能舍弃某些蝇头微利，也将有助于塑造良好的自我形象，获得他人的好感，为自己赢得友谊和影响力。凡事有所失必有所得，若欲取之，必先予之。有识之士不妨谨记之，善用之，必能给自己争得个意想不到的收获。

不顾面子，逞匹夫之勇，人人做得到；百忍成金，把面子当作身外之物，却只有杰出人物才行。

大丈夫能屈能伸，不争而胜

处世修身必须先过一道关，什么关呢？"忍耐"关。

忍什么？一要忍气，二要忍辱。气指气愤，辱指屈辱。气愤来自于生活中的不公，屈辱产生于人格上的褒贬。忍气是为了求安，凡事要想得开，看得远，正如俗话所言："忍得一时之气，免得百日之忧。"

在中国人眼里，忍耐是一种美德，是一种成熟的涵养，更是一种以屈求伸的深谋远虑。

"吃亏人常在，能忍者自安"，是提倡忍耐的至理箴言。忍耐是人类适应自然选择和社会竞争的一种方式。

大凡世上的无谓争端多起于芥末小事，一时不能忍，铸成大祸，不仅伤人，而且害己，此乃匹夫之勇。凡事能忍者，不是英雄，至少也是达士；而凡事不能忍者纵然有点愚勇，终归城府太浅，不成大事。人有时大愚，小气不愿咽，大祸接踵来。

人应该为自己的快乐而活着，切莫因别人的失礼而生气。谁都不愿被别人所左右，如动辄生怒，恰恰自陷于受别人左右的陷坑，不仅左右你的面部表情，而且左右了你的心理情绪。这样你最易被人玩弄于股掌之上，"激将法"正是如此。

忍耐并非懦弱，而是于从容之中冷嘲或蔑视对方。

唐代高僧寒山问拾得和尚："今有人侮我，冷笑我，藐视我，毁我伤我，嫌恶恨我，诡谲欺我，则奈何？"拾得答曰："子但忍受之，依他让他，敬他避他，苦苦耐他，装聋作哑，漠然置之，冷眼观之，看他如何结局？"这种大智大勇的生活艺术，用老子的"不争而善胜，不言而善应"这句话来评论正是恰如其分。

无论民族还是个人，生存的时间越长，忍耐的功夫就越深。生活在世上，要成就一番事业，谁都难免经受一段忍辱负重的曲折历程。因此，忍辱几乎是有所作为者的必然代价，能不能忍受则是伟人与凡人之间的区别。

忍耐既可明哲保身，又能以屈求伸，因此凡是胸怀大志的人都应该学会忍耐，忍耐，再忍耐。

有时，为了完成伟大的使命，一个人常常需要忍受各种各样的屈辱。能够忍辱负重的人不是懦夫，而是真正的强者。

汉武帝刘彻听说李陵带着部队深入到匈奴的国境，士气旺盛，心里很高兴。这时，许多大臣都凑趣地祝贺皇帝英明，善于用人。后来李陵战败投降，武帝非常生气，原来祝贺的大臣也就反过来责骂李陵无用和不忠。这时司马迁站在旁边一声不响，武帝便问他对此事的意见，司马迁爽直地说李陵只有五千步兵，却被匈奴八万骑兵围住，但还是连打了十几天仗，杀伤了一万多敌人，实在是一位了不起的将军。最后因粮尽箭完，归路又被截断才停止战斗，李陵不是真投降，而是在伺机报国，他的功劳还是可以弥补他的失败之罪的。武帝听他为李陵辩护，又讽刺皇上近亲李广利从正面进攻匈奴的庸碌无功，怒将司马迁下在狱里。次年，又误传李陵为匈奴练兵，武帝不把事情弄清楚，就把李陵的母亲和妻子杀了。廷尉杜周为了迎合皇帝，诬陷司马迁有诬陷皇帝之罪，竟把司马迁施予最残酷、最耻辱的"腐刑"。司马迁受到这种摧残，痛苦之余，就想自杀。但转念一想，像他这样地位低微的人死去，在许多大富大贵的人眼中，不过像"九毛亡一毛"，不但得不到同情，且更会惹人耻笑。于是决心忍受耻辱，用自己的生命和时间来艰苦地、顽强地完成伟大的《史记》的写作。

古人所谓有大勇的人才有大智，司马迁便是这样的人。他知道在他所处的年代里，死一个像他那样没地位、没名望的人，比死条狗还不如，因此他勇敢地活下去，终于完成了那部空前伟大的鸿篇巨制——《史记》。

`

放过来的暗箭，也可以成为你手里的武器

如何面对有人公开揭露你的隐私，讥讽你的缺点，甚至公然侮辱你的人格？是恼羞成怒，立即反击和辩解；还是保持冷静，不急不躁，不感情用事，积极采取对策，化凶化吉，转败为胜？

当众受到侮辱或攻击，愤怒是不能解决问题的。由于情绪失控，头脑更不清醒，就更难找到摆脱困境的办法。唯一可取的是保持冷静，冷静是一种积极的、由静转动的心理活动过程。

冷静，目的在于使自己能客观地从对方的攻击中寻出他不符合事实、不近情理之处，抓住他的弱点，分析他的目的，然后采取对策，加以揭露，予以反击，使自己从劣势转为优势，转危为安。

奥斯卡金像奖获得者——好莱坞明星保罗·纽曼，从影早期曾拍过一部失败的影片《银酒杯》，他的家人也不客气地把它评为"一部糟糕的影片"。若干年之前，洛杉矶电视台突然决定重新在一周内连续放映该片，显然是有意在公众面前中伤他。

纽曼对此经过冷静思考后，来个异军突起，后发制人。他自费在颇有影响的《洛杉矶时报》上连续一周刊登大幅广告："保罗·纽曼在这一周内每夜向你道歉！"此举轰动全美，大获全胜，他不仅未因此而出丑，反而得到绝大多数人的同情、谅解，从而声誉大增，好评如潮，后来终于获得第 59 届奥斯卡金像奖。

纽曼的胜利取决于冷静、诚实和勇气。在当众受辱之后，既不暴跳如雷，也不萎靡不振，他保持动态的冷静，仔细、认真地分析面临的困境和挑战，找出主要矛盾，然后奋起反击。公开坦承自己过去的失败，非但丝毫无损于自己的形象，反而使对方陷入被动的境地，暴露出其居心之卑劣。

反击的方法多种多样。但最重要的是诚实和勇气，敢于当众承认失误的人，人们对他只会产生尊敬之感，如果对方再抓住不放，定会受到大众的指责，这时再反击，力量会更大。它不仅可以避免受辱，而且会使对方处于狼狈的境地。

脸都不要了，还能不成功

不言而喻，爱面子过了头便害人害己，为祸不小。所以要想做成大事的人，都应勇于和爱面子的虚荣心做斗争，切勿成为"面子"的俘虏，最终一事无成。中国谚语云："人无廉耻，万事可为。""不要老脸皮，天下无难事"，说的是不要脸也不要面子的人什么事都干得出来。当然，这并不是说人可以不顾一切地去为非作歹，而是说人有时为了一个理想或大目标，不妨采取一些超出常规心理的做法，打破传统的认知定势等，以成就更大的事业。

近代学者李宗吾正是因为最先看到了这一点而一举成为中国的奇人，他的《厚黑学》一书虽不是从学术上研究"厚黑"，但单凭"厚黑"二字，便轰动了华人世界。他在《厚黑学》一文中写道：

我自读书识字以来，就想为英雄豪杰，求之四书五经，茫无所得，求之诸子百家，与夫廿四史，仍无所得，以为古之为英雄豪杰者，必有不传之秘……一日偶想起三国时几个人物，不觉恍然大悟曰：得之矣，得之矣，古之为英雄豪杰者，不过面厚心黑而已。

刘备的特长，全在于脸皮厚，他依曹操，依吕布，依刘表，依孙权，依袁绍，东奔西走，寄人篱下，恬不为耻，而且生平善哭。作《三国演义》的人，更把他写得惟妙惟肖，遇到不能解决的事情，对人痛哭一场，立即转败为胜。所以俗语有云："刘备的江山，是哭出来的。"

项羽拔山盖世之雄。咽呜叱咤，千人皆废，为什么身死东江，为天下笑？他失败的原因，韩信所说"妇人之仁，匹夫之勇"两句话，包括尽了。妇人之仁，是心有所不忍，其病根在心之不黑，匹夫之勇，是受不得气，其病在脸皮不厚。鸿门之宴，项羽和刘邦，同坐一席，项羽已经把剑取出来了，只要在刘邦的颈上一割，"太高皇帝"的招牌，立刻可以挂出，他偏偏徘徊不忍，竟被刘邦逃走。垓下之败，如果渡过乌江，卷土重来，尚不知鹿死谁手……他一则曰："无面见人。"一则曰："有愧于心。"究竟高人的面，是如何长起得，高人的心则如何生起得？也不略加考察，反说："此天亡我，非战之罪。"恐怕上天不能任咎罪……

刘邦天资既高，学历又深，把流俗所传君臣、父子、兄弟、夫妇、朋友五伦，一一打破，又把礼义廉耻，扫除净尽，所以能够平荡群雄，统一海内。一直经过了四百几十年，他那厚黑的余气，方才消灭，汉家的系统，于是乎才断绝了。

李宗吾先生的叙述堪称经典，刘备的半壁江山，刘高祖的几百年天下，都是因为他们超越了常人的"面子"心理，用独特的手腕赢得了胜利。特别是汉高祖刘邦不受任何"面子"心理的妨碍，一次又一次地败在项羽手下，但他不为自己一次又一次重返家乡征兵募马感到耻辱。而项羽就没有他脸皮厚，兵败垓下时，也许还有机会东山再起，但他以"无颜见江东父老"的心情结束了自己的生命。

有些时候，不为面子所限，坦然地面对自己的错误和缺憾，更能赢得别人的尊重，这比那些"打肿脸充胖子"的做法好得多。更为关键的是，真诚、大胆地表露自己的缺点和弱点，在摆脱尴尬的同时，又能对自己的事业起到一定的作用。

大家都知道林肯长相丑陋，可他不但不忌讳这一点，相反，他常常诙谐地拿自己的长相开玩笑。在竞选总统时，他的对手攻击他两面三刀，搞阴谋诡计。林肯听了指着自己的脸说："让公众来评判吧，如果我还有另一张脸的话，我会用现在这一张吗？"还有一次，一个反对林肯的议员走到林肯跟前挖苦地问："听说总统您是一位成功的自我设计者？""不错，先生。"林肯点点头说，"不过我不明白，一个成功的自我设计者，怎么会把自己设计成这副模样？"

从林肯的做法中我们知道，敢于直面自己的缺憾，并将缺憾变成鼓励自己向上进取和奋斗的条件，才是明智之举。

丘吉尔是英国历史上最伟大的首相之一，他用自己钢铁般的意志将英伦三岛上的人民紧紧地凝聚在一起，粉碎了纳粹德国吞并欧洲的图谋，并为第二次世界大战的胜利及战后世界政治格局的形成做出了巨大的贡献。这样一位既具有崇高的国际声望又有卓越的领导才能的人，理应受到选民的拥护，成为英国的连任首相。然而，事实恰恰相反，选民们认为他已发挥了他应有的作用，而新英国需要新的领袖。于是，1945 年 7 月的大选过后，丘吉尔首相下台了。

理查德·皮姆爵士去看望他，并把大选结果告诉他。当时，丘吉尔正躺在浴缸里洗澡。当理查德爵士把这个令人难堪的坏消息告诉他时，丘吉尔却说："他们完全有权利把我赶下台。那就是民主！那就是我们一直在奋斗争取的！现在劳烦您把毛巾递给我。"

丘吉尔面临的不仅仅是失败，更是失落，也可以说是选举的结果让他在世人面前栽了个大跟头，使他颜面丢尽，但是他坦然地接受了这个现实。从他的做法中可见其伟大的另一面。

由此，当我们存在着缺憾或有了过错的时候，不管别人可能怎么批评、讥讽甚至侮辱，都不要太在意，死守着可怜的面子不放，而要像那些成就大事业的人一样，把面子放到一边去，继续自己的奋斗。

韬光养晦，给对方致命一击

古往今来，为成就大业采取韬晦策略的人不在少数。大凡胸藏韬晦者，皆能做到置"面子"于旁侧，在忍耐中实现大业。

春秋时期，夫差把勾践打败，吴国便趁机要越王勾践夫妇到吴国为奴仆，勾践将国事托付给大夫文种，让范蠡随他到吴国。夫差便令勾践为其牵马，令人辱骂，勾践也是一副奴才的样子，驯服无比。

有一回夫差大病，勾践便暗中命范蠡探看，范蠡回来告诉他夫差的病不久即可痊愈。于是勾践便亲自去见夫差，当然是以"探问病情"之理由，并且当着众人的面亲口尝了夫差的粪便。之后勾践便向夫差道贺，说大王的病不几日就能好转，并向夫差磕了个头，凑近他身旁告诉他："我曾经跟名医学过医道，只要尝一尝病人的粪便，就能知病的轻重，刚才我尝了大王的粪便，味酸而稍微有些苦头，这是得了医生所说的'时气病'，此症一定能够好转，大王不用太担忧。"

没过几日，夫差的病果然好转过来。夫差为勾践的话语和行动所感动，恻隐之心一起，便把他放回越国去了。

勾践回到越国后，不近女色，不观歌舞，受抚群臣，教养百姓。他靠自己耕种吃饭，靠妻子亲手织布穿衣，不吃山珍海味，不穿绫罗绸缎。勾践甚至褥子都不肯用，床上尽是些干柴干草，并且用绳悬一苦胆，日日尝之，以此提醒自己不要忘掉昨日曾受的凌辱与苦难。他还常常到外地巡视，探望孤寡老弱病残。诸大夫对他更加爱戴，他便对他们讲："我预备同吴兵开战，望诸位肝胆相照、奋勇争先，我当与吴王颈臂相交，肉搏而死，此乃我一生夙愿。如果这不能办到，我将弃离国家，告别群臣，身带佩剑，手举利刀，改变容貌，更换姓名，去做奴仆，侍奉吴王，以找机会与吴国开战。我知道这要被天下人所羞辱，但我决心已定，一定要实现！"

终于，吴越两国进行了决战。越军勇猛无比，吴军溃败，越军包围了吴王王宫，攻下城门，活捉了夫差，杀死其宰相。灭吴之后，越国势力大大增强，民心欢悦，越国遂称霸于诸侯。

在中国人生智慧中，十分重视"韬晦"，即自己的行动目标，不能轻易暴露，而且必须有一定的掩饰。重大事业只有在成功之后才可以论说其成功之谜。如何在人生实践中把握自己的志向目标，便成为一个正确运用韬晦策略的问题。

韬晦之计在中国有着悠久的历史。如春秋时楚庄王上台执政，楚国刚败给晋国，国势不振，楚庄王也不知有多少人肯为他卖死命，于是来了一个韬晦之计，三年不理国政，还下令："有敢谏者死无赦！"看一看大臣中有无不怕死的人，有无忠谏直言的人才。通过伍举、苏从等人冒死抗争，他争取到了支持改革的力量，通过诛、进各数百人的大举措，整顿了行政机构，又对百姓减庸，对外作战获胜，一举成为"五霸"之一。楚庄王不肯过早地暴露自己的目的，是为了目的能最终实现，这便是在韬晦中所把握的"度"。当他成事之后，敢于公开问鼎，因为已无人能改变他的霸主地位，这便不必再行韬晦之策了。为此，是否行韬晦之策，只是对自己所处的形势做分析后的结论。

使用韬晦之策而显示人生智慧的突出例证，是《三国演义》中刘备在与曹操"青梅煮酒论英雄"时的表现。那时刘备在吕布与曹操两大势力争夺中无法保持中立，只好依附曹操，共灭吕布。

曹操在许田围猎时故意表露出有篡位的意图，以试探臣下的心态。彼时大臣们均敢怒不敢言，只有关羽"提刀拍马便出，要斩曹操"，倒是刘备"摇手送目"，拦住关羽，还要用语言恭维曹操说："丞相神射，世所罕及！"体现出深隐的心机。于是当董承、王子服等人凭汉献帝血写的密诏结盟讨曹操时，便把刘备也拉入这个政治集团之内。刘备签名入盟后，"也防曹操谋害，就下处后园种菜，亲自浇灌，以为韬晦之计"。

不想曹操何等精明，他想刘备这样志向远大的英雄突然种起菜来了，一定有什么重大事情影响了他。于是派许褚、张辽引数十人入园中将刘备请至丞相府，"盘置青梅，一樽煮酒，二人对坐，开怀畅饮"，演出一段脍炙人口的历史戏剧。当时，曹操几乎明知故问，要刘备承认自己本怀英雄之志。刘备则故意拉扯旁人，先抬出最让人看不起的袁术，曹操斥之为冢中枯骨。刘备又举出袁绍、刘表、孙策、刘璋等人，唯独不提参加了董承为首的讨曹联盟的马腾和他自己。曹操自然不满意，干脆直言相告："今天下英雄，惟使君与操耳！"刘备所担心的是讨曹联盟之事暴露，听到曹操称自己为"英雄"，以为事情已经暴露，手中匙勺也掉在地上。为避免曹操进一步怀疑自己，只好推说是害怕雷声所致。使得曹操想这样一个连雷声都害怕的人，也许根本不是什么"英雄"，于是将戒备的疑心放下。为后来刘备借讨伐袁术为名领兵出发，"撞破铁笼逃虎豹，顿开金锁走蛟龙"，奠定了基础。

韬晦之策实际是在自己力量尚无法达到自己追求的目标时，为防止别人干扰、阻挠、破坏自己的行动计划而故意采取的假象策略。

韬晦之策有明确的目的性与功利性，具有极强的主观意识。韬晦之策又有极强的进取性，虽然在表面上有许多退却、忍让，却更显示人的韧性与忍辱负重的内在力量。韬晦之策又因其极大的隐蔽性而具有极强的实效性，它往往攻其不备而出奇制胜，取得事半功倍的结果。韬晦之策是精明人假装糊涂的一种策略，跟面子问题有极大的差别。正确使用韬晦之策，实在是把握中国古代人生智慧的重要内容之一。

以退为进，把面子包袱丢给别人

面对复杂多变的客观世界，就某个具体的事情来说，也有其"时""势"的问题，在某些特定的时间里、环境中，采取以退为进的方法，把面子包袱丢给别人，也是一种积极的人生策略，而并非是消极退让。

美国刚卸任不久的总统克林顿跟莱温斯基的那场"拉链门"风波仍在我们的记忆之中。我们可以想一想，当克林顿与莱温斯基的事情东窗事发，克林顿死不承认，采取死撑着的态度，这也是一种选择。当着全世界人的面，堂堂的美国总统承认自己的丑事，这是多让人难为情的事情啊！但克林顿的聪明之处就在于，他采取了一种以退为进的策略，承认了自己的错误。这么做，其实是将包袱扔给了所有的美国人：我已经承认了我自己的错误，你们有权利让我下台，你们也有权利让我继续留在总统的位子上；对一个已经承认错误的人，你们就看着办吧！

说克林顿死猪不怕开水烫也好，说他狡猾也好，但最终是他胜利了。

同样是美国总统，当年肯尼迪在竞选美国参议员的时候，他的竞选对手在最关键的时候轻易地抓住了他的一个把柄：肯尼迪在学生时代，因为欺骗而被哈佛大学退学。这类事件在政治上的威力是巨大的，竞选对手只要充分利用这个证据，就可以使肯尼迪诚实、正直与道德的形象蒙上一层阴影，使他的政治前途黯然无光。一般人面对这类事情的反应不外是极力否认，澄清自己，但肯尼迪很爽快地承认了自己的确曾犯了一项很严重的错误，他说："我对于自己曾经做过的事情感到很抱歉。我是错的。我没有什么可以辩驳的余地。"肯尼迪这么做，等于说"我已经放弃了所有的抵抗"，而对于一个已经放弃抵抗的人，你还要跟他没完没了吗？如果对手真的继续进攻，显得对手没有一点风度。所以，我们应记住一个基本原则：一个人既然已经承认错误了，那么你就不能再去攻击他，再去跟他计较。无论是克林顿还是肯尼迪，他们都没有因为有过劣迹而受到丝毫的伤害，相反，他们还都将它转变为了一个优点，这从肯尼迪后来当选总统和克林顿的事情完全在互联网上披露，支持率反而上升就可以得到证实。他们承认自己有过错误，他们就已经将自己人性化了：我们和平常人一样，也会犯错；同时，承认自己有罪，赢得人们的同情。而别人这时也乐得做顺水人情。

生活中也不乏这样的例子，也许我们都会碰到极其僵持、进退两难的事情，如果为了可怜的面子，依然做一种无谓的坚持，只会让局势变得越来越糟，最终弄得鱼死网破的下场，这明显是不理智的。聪明的做法是彻底放下面子包袱，退到大众所能宽容的底线，再变退为进，获得最后的成功。

嘲笑别人就是嘲笑自己

以前有一个秃子，一天他出门在外，住进一家小店，对面住了个麻子。月光照在麻子的脸上，秃子越看越有趣，就忍不住吟出一首诗：

脸

天排

糯米筛

雨洒尘埃

新鞋印泥印

石榴皮翻过来

豌豆堆里坐起来

秃子把麻子骂了个痛快，很是得意忘形，就对麻子说："老兄，你也能从一个字吟到七个字吗？"

麻子说："你吟罢了，我再模仿便没有味道，不妨我从七个字吟到一个字如何？"于是麻子就吟出一首诗：

一轮明月照九州

西瓜葫芦绣球

不用梳和蓖

虫虱难留

光不溜

净肉

球

　　秃子一听羞得满面通红，再也说不出话来。

　　戏弄别人，却被他人嘲笑，这便是居心叵测的人的下场。

　　可是，如果我们对他人多一分体谅，多站在对方的角度想问题，假设自己是对方，情形或许就会截然不同。

　　小林曾在美国的一家快餐店打工，有一天，她错把一小包糖当作咖啡给了一个女顾客。女顾客非常恼火，因为她很胖，正在减肥，必须禁食糖和一切甜点。她大声嚷嚷，简直把那包糖当成了毒药，"哼，她竟然给我糖！难道她还嫌我不够胖？！"

　　那时，小林完全不懂减肥对美国人来说有多么重要，她愣在那里，不知所措。

　　这时，黑人女经理闻声而来，她在小林耳边轻轻地说："如果我是你，马上道歉，把她要的快给她，并且把钱退给她。"

　　小林照着做了，再三道歉，那女顾客哼哼几声就不出声了。这件事是快餐店的一次小事故，小林等着经理来批评自己。可是，她只是过来对小林说："如果我是你，下班后我大概会把这些东西认认真真地熟悉一下，以后就不会拿错了。"

　　不知为什么，这一句"如果我是你"，竟令小林十分感动。后来，她在学校上课，在其他地方打工，才发现，老师也好，老板也好，明明是对你提出不同意见，明明是批评你，他们很少有人会直截了当地说：你怎么做得这样？你以后不能这么干！而是常常委婉地说："如果我是你，我大概会这样做……"这使人不感到难堪，不感到沮丧，反而让你感到有那么点温暖，那么点鼓励。仔细分析，他们说的话只是多了那么几个字，"如果我是你……"就一下子站在了对方的立场。大家一平等，情绪自然不会对立，沟通更容易进行。

　　那时小林反复想，奇怪，老美怎么就这么会做人？他们真会说话。后来碰到一件事，使小林有了新的认识。有一次，她去好莱坞一美国演员家做清洁工。女主人给她布置完工作，突然问她："我能够吸烟吗？"小林吃了一惊，说："你是在问我？"她说："是啊，我想抽支烟。"小林说："这是你的家呀，怎么还要问我？"她说："吸烟会妨碍你，当然应该得到你的允许。"小林赶忙说："你以后不用问，尽管吸好啦！"她这才拿起烟把它点燃。

那天小林愣了许久，也想了许久。怎么这么奇怪？一个人在自己家里抽烟，还要温文尔雅地来征求一个清洁工的同意，真是匪夷所思！然而，小林不得不承认，那一刻，她非常高兴，非常感动，因为自己被当作一个真正的人得到尊重。

如果我们生活中的每一个人都不做"势利小人"，不"看人戴帽子"，不嘲笑别人的缺点，对所有的人都充分尊重，这世界将充满友爱。

幽默是对嘲笑最好的回击

面对他人的嘲笑，多一点雅量去看待，是一种胸襟，也是一份难得的智慧。

曾任美国总统的福特在大学里是一名橄榄球运动员，所以他在 62 岁入主白宫时，他的体型仍然非常挺拔结实。毫无疑问，他是自老罗斯福总统以来体格最为健壮的一位。当了总统以后，他仍继续滑雪、打高尔夫球和网球，而且擅长这几项运动。

1975 年 5 月，他到奥地利访问，当飞机抵达萨尔茨堡，他走下舷梯时，他的皮鞋碰到一个隆起的地方，脚一滑就跌倒在跑道上。他跳了起来，没有受伤，但使他惊奇的是，记者们竟把他这次跌倒当成一个大新闻，大肆渲染起来。在同一天里，他又在丽希丹宫被雨淋滑了的长梯上滑倒了两次，险些跌下来。随即一个奇妙的传说散播开了：说福特总统笨手笨脚，行动不灵敏。自萨尔茨堡以后，福特每次跌跤或者撞伤头部或者跌倒在雪地上，记者们总是添油加醋地把消息向世界报道。后来，竟然反过来，他不跌跤也变成新闻了。哥伦比亚广播公司曾这样报道说："我一直在等待着总统撞伤头部，或者扭伤胫骨，或者受点轻伤之类的来吸引读者。"记者们如此的渲染似乎想给人形成一种印象：

福特总统是个行动笨拙的人。电视节目主持人还在电视中和福特总统开玩笑，喜剧演员切维·蔡斯甚至在"星期六现场直播"节目里模仿总统滑倒和跌跤的动作。

福特的新闻秘书朗·聂森对此提出抗议，他对记者们说："总统是健康而且优雅的，他可以说是我们能记得起的总统中身体最为健壮的一位。"

"我是一个活动家，"福特抗议道，"活动家比任何人都容易跌跤。"

但他对别人的玩笑总是一笑置之。1976年3月，他还在华盛顿广播电视记者协会年会上和切维·蔡斯同台表演过。节目开始，蔡斯先出场。当乐队奏起"向总统致敬"的乐曲时，他"绊"了一脚，跌倒在歌舞厅的地板上，从一端滑到另一端，头部撞到讲台上。此时，每个到场的人都捧腹大笑，福特也跟着笑了。

当轮到福特出场时，蔡斯站了起来，佯装被餐桌布缠住了，弄得碟子和银餐具纷纷落地。蔡斯装出要把演讲稿放在乐队指挥台上，可一不留心，稿纸掉了，撒得满地都是。众人哄堂大笑，福特却满不在乎地说道："蔡斯先生，你是个非常滑稽的演员。"

面对嘲笑，最忌讳的做法是勃然大怒，大骂一通，其结果会让嘲笑之声越来越炽。要让嘲笑自然平息，最好的办法是一笑了之。一个满怀计划的人，不会去考虑别人多余的想法，而是有风度、有气概地接受一切非难与嘲笑。伟大的心灵多是海底之下的暗流，唯有小丑式的人物，才会像一只烦人的青蛙一样，整天聒噪不休！

人的一生，谁都难免会有失误，谁身上都难免会有缺陷，谁都难免会遇上尴尬的处境。有的人喜欢藏藏掩掩，有的人喜欢辩解。其实越是藏藏掩掩，心理越是失衡；越是辩解，却会越辩越丑，越描越黑，最佳的办法是学会嘲笑自己。

自嘲是造物主赏给人类的一种心理平衡法。伊索寓言里的那只狐狸用尽了各种方法，拼命地想得到葡萄架上的那串葡萄，可最后还是失败了，于是只好转身一边走一边安慰自己："那串葡萄一定是酸的。"

这只聪明的狐狸得不到那串葡萄，心里不免有些失望和不满，但它用"那串葡萄一定是酸的"来解嘲，使失望和不满化解，使失衡的心理得到了平衡。

美国著名演说家罗伯特头秃得很厉害，在他头顶上很难找到几根头发。在他过 60 岁生日那天，有许多朋友来给他庆贺生日，妻子悄悄地劝他戴顶帽子。罗伯特却大声说："我的夫人劝我今天戴顶帽子，可是你们不知道秃头有多好，我是第一个知道下雨的人！"这句嘲笑自己的话，一下子使聚会的气氛变得轻松起来。

某国一位领导人最爱讲一个有关他本人的笑话："有一位总统拥有 100 个情妇，其中一个染有艾滋病，但很不幸，他分不出是哪一个。另一位总统有 100 个保镖，其中一个是恐怖分子，但很不幸，他不知是哪一个。"接着他嘲笑自己改革经济所做的努力，"而我有 100 个经济专家，其中有一个是很聪明的，但很不幸，我不晓得是哪一个。"这位领导人趁着别人还来不及说长道短、评东论西时，在谈笑调侃中将自己经济改革中的失误轻轻松松地说出来，帮助自己摆脱了尴尬难堪的局面。

自嘲是一种特殊的人生态度，它带有强烈的个性化色彩。自嘲作为生活的一种艺术，它具有干预生活和调整自己的功能。它不但能给人增添快乐，减少烦恼，还能帮助人更清楚地认识真实的自己，战胜自卑的心态，应付周围众说纷纭的评价带来的压力，摆脱心中种种失落和不平衡，从而获得精神上的满足和成功。

你没有成就以前，不要在乎什么身份

有一位大学生，在校时成绩很好，大家对他的期望也很高，认为他必将有一番了不起的成就。

　　他是有成就，但不是在政府机关或在大公司里有成就，而是卖蚵仔面线卖出了成就。

　　原来他是在毕业后不久，得知家乡附近的夜市有一个摊子要转让，他那时还没找到工作，就向家人"借钱"，把它买了下来。因为他对烹饪很有兴趣，便自己当老板，卖起蚵仔面线来。他的大学生身份曾招来很多不以为然的眼光，却也为他招来不少生意。他自己倒从未对自己学非所用及高学低用产生过怀疑。

　　现在呢，他还在卖蚵仔面线，但也搞投资，钱赚得比一般人不知多多少倍。

　　"要放下身份，不要被面子所左右。"这是那位同学的口头禅和座右铭："放下身份，路会越走越宽。"

　　那位同学如果不去卖蚵仔面线或许也会很有成就，但无论如何，他能放下大学生身份，还是很令人佩服的。你不必学他非得去做类似的事情不可，但在必要的时候，实在也要有他的勇气。

　　人的"身份"是一种"自我认同"，并不是什么不好的事，但这种"自我认同"也是一种"自我限制"，也就是说："因为我是这种人，所以我不能去做那种事。"而自我认同越强的人，自我限制也越厉害。千金小姐不愿意和她的女同桌吃饭，博士不愿意当基层业务员，高级主管不愿意主动去找下级职员，知识分子不愿意去做"不用知识"的工作……他们认为，如果那样做，就有损他的身份和面子。

　　其实这种"身份"只会让人路越走越窄。不是说有"身份"的人就不能有得意的人生，但我们相信，在非常时刻，如果还放不下身份，那么只会让自己无路可走。像博士如果找不到工作，又不愿意当业务员，那只有挨饿了；如果能放下身份，那么路就会越走越宽。

　　你如果想在社会上走出一条路来，那么就要放下身份，也就是：放下你的学历、放下你的家庭背景、放下你的身份和面子，让自己回归到"普通人"。同时，也不要在乎别人的眼光和批评，做你认为值得做的事，走你认为值得走的路。

　　"放下身份"比放不下身份的人在竞争上多了几个优势：首先，能放下身份的人，他的思考富有高度的弹性，不会有刻板的观念，而能吸收各种资讯，形成一个庞大而多样的资讯库，这将是他的本钱。其次，能放下身份的人能比别人早一步抓住好机会，也能比别人抓住更多的机会，因为他没有身份的顾虑。

有一则这样的故事：一个千金小姐随着婢女在饥荒中逃难，干粮吃尽后，婢女要小姐一起去乞讨，千金小姐说："我是小姐。"小姐不愿意去。

结果呢？您自己猜吧！

当然是小姐饿死了。

如果你在追求成功，你就要放下你的身份，不要在乎你的地位，也不要在乎你以前的辉煌，应该努力使自己心态平静，有从零开始做的准备，那样的话，你的路才会越走越宽。

脸皮厚，吃不够；脸皮薄，吃不着

一个人得到众人的认同，"面子"上受到尊崇，有时不单是个人的努力在发挥作用，我们背后的资源和背景，也具有不可低估的力量。

约翰逊是纽约某大报的记者，他大学一毕业，当了两年兵后退伍，然后就顺利地到一家大媒体报纸当财经记者，而且任何他要采访的对象，似乎都可以手到擒来。附带一提，由于约翰逊长得很帅，又是大报的记者，因此受到许多美女的青睐。

就在一切都很顺利的时候，约翰逊有一次与公司主管发生冲突，心里觉得很委屈。这时候，突然有一家小型报纸想高薪聘请他，而且愿意让他主跑外地新闻线。

约翰逊心想："我在新闻媒体圈才工作一年，就已经小有名气了。现在有人多出50％的薪水挖我，又让我跑自己喜欢的新闻线，我为什么要留在这里受闷气呢？"于是约翰逊跳槽了。

约翰逊到这家小报社上班采访的第一天，怪事便发生了。原本可以立即顺利邀约采访的明星和大老板，都推说有事，要另外安排时间；而原本安排给自己出书的出版社，也突然推说出版计划受到经济不景气的影响要暂停；甚至那个本来见到他都很和气的豆腐西施，看到他新公司的招牌后，脸孔也换成了一副欠她钱的样子。

刹那间，全世界都好像在跟约翰逊作对，变得不认识约翰逊这个人了。当然，约翰逊由于绩效不如预期，也时常遭受新老板的冷眼相对。

约翰逊觉得很郁闷，他不知道自己原来就像一只"狐假虎威"的狐狸，不知道以前别人对他表现得尊重与喜爱，是因为他背后代表的大媒体招牌拥有的舆论力量，而不是因为他本身的专业与人际关系的积累。

有时决定一个人身份和地位的并不是他的才能和价值，而是他背后隐藏的资源。一个人要想获得成功，就必须占有充分的资源。

有句俗语是"天大的面子、地大的本钱"，道出了人脉资源在社会生活中的重要性。古往今来最熟知个中三昧并且运用自如的，恐怕当数金融界大亨罗思柴尔德家族了。

19 世纪 20 年代初，罗思柴尔德在巴黎发迹，不久之后他就面对最棘手的问题：一名犹太人，法国上流社会的圈外人，如何才能赢得仇视外国人的法国上层阶级的尊敬呢？罗思柴尔德是了解权力的人：他知道他的财富会带给他地位，但是他会因此在社交上被孤立，最后地位与财富都将不保。因此他仔细观察当时的社会，思考如何受人欢迎。

慈善事业？法国人一点也不在乎。政治影响力？他已经拥有，结果只会让人们更加猜疑。他终于找到了一个缺口，那就是无聊。在君主复辟时期，法国上层阶级非常无聊，因此罗思柴尔德开始花费惊人的巨款娱乐他们。他雇用法国最好的建筑师设计他的庭院和舞厅，雇用最著名的法国厨师卡雷梅准备了巴黎未曾目睹过的奢华宴会。

没有任何法国人能够抗拒，即使这些宴会是德国犹太人举办的，罗思柴尔德每周的晚会吸引来越来越多的客人。

终于，罗思柴尔德的晚会反映出他渴望与法国社会打成一片，而不是混迹于商界的形象。透过在"夸富宴"中挥霍金钱，他希望展现出他的权力不只在金钱方面，而是进入更珍贵的文化领域。罗思柴尔德或许透过花钱赢得社会接纳，但是他所获得的支持基础不是金钱本身就可以买到的。往后几年他一直受惠于这些贵族客人，并将事业做得越来越大。

有人说："看一个人的人际关系，就知道他是怎样的人，以及将会有何作为。大多数人的成功，都源于良好的人际关系。"对此，成功者总是用心去经营人脉"磁场"，让各种资源迅速增值，并在其中如鱼得水，游刃有余。

第四章 | **面子只是小问题，**
成功才是硬道理

不在卑微中灭亡，就在卑微中绽放

卑微中奋斗的人们，不必太在乎面子问题，有一种在卑微中崛起的力量，永远值得我们去追随。

现今，日本国民中广为传颂着一个动人的小故事：许多年前，一个妙龄少女来到东京帝国酒店当服务员。这是她涉世之初的第一份工作，也就是说她将在这里正式步入社会，迈出她人生的第一步。因此她很激动，暗下决心：一定要好好干！但她想不到：上司安排她洗厕所！

洗厕所！多没面子的一件事情！实话实说，没人爱干，何况她从未干过粗重的活儿，细皮嫩肉，喜爱洁净，干得了吗？洗厕所时在视觉上、嗅觉上以及体力上都会使她难以承受，心理暗示的作用更是使她忍受不了。当她用自己白皙细嫩的手拿着抹布伸向马桶时，胃里立马"造反"，翻江倒海，恶心得几乎呕吐，却又吐不出来，太难受了。而上司对她的工作质量要求特别高，高得骇人：必须把马桶抹洗得光洁如新！

她当然明白"光洁如新"的含义是什么，她当然更知道自己不适应洗厕所这一工作，真的难以实现"光洁如新"这一高标准的质量要求。因此，她陷入困惑、苦恼之中，也哭过鼻子。

这时，她面临着人生第一步怎样走下去的抉择：是继续干下去，还是另谋职业？继续干下去——太难了！另谋职业——知难而退？人生之路岂有退堂鼓可打？她不甘心就这样败下阵来，因为她想起了自己初来时曾下过的决心：人生第一步一定要走好，马虎不得！

正在此关键时刻，同单位一位前辈及时地出现在她面前，他帮她摆脱了困惑、苦恼，帮她迈好这人生第一步，更重要的是帮她认清了人生路应该如何走。但他并没有用空洞的理论去说教，只是亲自做个样子给她看了一遍。

首先，他一遍遍地抹洗着马桶，直到抹洗得光洁如新；然后，他从马桶里盛了一杯水，一饮而尽！竟然毫不勉强。实际行动胜过万语千言，他不用一言一语就告诉了少女一个极为朴素、极为简单的真理：光洁如新，要点在于"新"，新则不脏，因为不会有人认为新马桶脏，也因为背后马桶中的水是不脏的，是可以喝的；反过来讲，只有马桶中的水达到可以喝的洁净程度，才算是把马桶抹洗得"光洁如新"，而这一点已被证明可以办得到。

同时，他送给她一个含蓄的、富有深意的微笑，送给她一束关注的、鼓励的目光。这已经够用了，因为她早已激动得几乎不能自持，从身体到灵魂都在震颤。她目瞪口呆，热泪盈眶，恍然大悟，如梦初醒！她痛下决心："就算一生洗厕所，也要做一名洗厕所最出色的人！"

从此，她成了一个全新的、振奋的人；从此，她的工作质量也达到了那位前辈的高水平，当然她也多次喝过厕水，为了检验自己的自信心，为了证实自己的工作质量，也为了强化自己的敬业心；从此，她很漂亮地迈好了人生第一步；从此，她踏上了成功之路，开始了她不断走向成功的人生历程。

几十年光阴一瞬而过，如今她已是日本政府的主要官员——邮政大臣。她的名字叫野田圣子。

野田圣子坚定不移的人生信念，表现为她强烈的敬业心："就算一生洗厕所，也要做一名洗厕所最出色的人。"这一点就是她成功的并不神秘的奥秘之所在；这一点使她几十年来一直奋进在成功路上；这一点使她从卑微中逐渐崛起，直至拥有了成功的人生。由此可见，无论我们的人生事业处于何种在他人看来卑微的境地，都不必自暴自弃，只要渴望崛起的信念尚存，我们就不会与成功擦肩。

小狗也要大声叫，这就是自信

　　真正自信的人，不会在乎别人对自己的评判，更不会活在"面子"的价值标准里。许多人能够取得令人瞩目的成就，就在于他们敢于揭掉别人为自己贴上的"标签"，用自己的方式实现自我，喊出属于自己的声音，走出属于自己的道路。

　　贝多芬学拉小提琴时，技术并不高明。他宁可拉他自己创作的曲子，也不肯做技巧上的改善，他的老师说他绝不是个当作曲家的料。

　　歌剧演员卡鲁索美妙的歌声享誉全球，但当初他的父母希望他能当工程师，而他的老师则说他那副嗓子是不能唱歌的。

　　发现"进化论"的达尔文当年决定放弃行医时，遭到父亲的斥责："你放着正经事不干，整天只管打猎、捉狗、捉耗子的。"另外，达尔文在自传中透露："小时候，所有的老师和长辈都认为我资质平庸，我与聪明是沾不上边的。"

　　沃特·迪士尼当年被报社主编以缺乏创意的理由开除，建立迪士尼乐园前也曾破产过好几次。

　　爱因斯坦 4 岁才会说话，7 岁才会认字。老师给他的评语是："反应迟钝，不合群，满脑袋不切实际的幻想。"他曾遭到退学的命运。

　　法国化学家巴斯德在读大学时表现并不突出，他的化学成绩在 22 人中排第 15 名。

　　牛顿在小学的成绩一团糟，曾被老师和同学称为"呆子"。

　　罗丹的父亲曾怨叹自己有个白痴儿子。在众人眼中，罗丹曾是个前途无"亮"的学生，艺术学院考了三次还考不进去，他的叔叔曾绝望地说：孺子不可教也。

　　《战争与和平》的作者列夫·托尔斯泰读大学时因成绩太差而被劝退学。老师认为他："既没读书的头脑，又缺乏学习的兴趣。"

　　如果这些人不是"走自己的路"，而是被别人的评论所左右，怎么能取得举世瞩目的成绩？

俄国作家契诃夫说得好："世界上有大狗，也有小狗。小狗不该因为大狗的存在而心慌意乱。所有的狗都应当叫，就让它们各自用自己的声音叫好了。"切不可看了巨著《红楼梦》，就停止了文坛上的耕耘；或看了马拉多纳踢球，便放弃在绿茵场上的梦想；或听过帕瓦罗蒂的歌声，便扼杀了自己的音乐天分。其实，如果总是担心自己比不上别人，那么世界上也就从来不会出现曹雪芹、马拉多纳、帕瓦罗蒂这样的人物了。

小狗也要大声叫！哪怕你现在还不是最优秀的人，但在任何时候都不能放弃自己。只要你坚持喊出属于自己的声音，有一天终究会听到成功的回音！

上帝没给你聪明和美貌，一定是给了你别的

从小到大，比特做什么事都比别的孩子慢半拍，同学讥笑他笨，老师说他不努力，无论他怎么试图去做好、去改变自己，但是，他从来也做不对。直到比特上了九年级后，才被医生诊断出患有动作障碍症。高中毕业时，比特申请了十所最最一般的学校，心想怎么也会有一所学校录取他。可是直到最后，他连一份通知书也没有收到。

后来，比特看了一份广告，上面写着："只要交来 250 美元，保证可以被一所大学录取。"结果他付了 250 美元，有一所大学真的给他寄来了录取通知书。看到这所大学的名字，比特立刻想起了几年前一份报纸上写着有关这个大学的文章："这是一所没有不及格的学校，只要学生的爸爸有钱，没有不被录取的。"当时比特只有一个信念："我要用未来去证实这个错误的说法。"在这个大学上了一年后，比特就转到另一所大学。大学毕业后，他进入了房地产行业。22岁时，他开了一家属于自己的房地产公司。从此，在美国的四个州，他建造了

近一万座公寓,拥有900家连锁店,资产达数亿美元。后来,比特又进入银行业,做起了大总裁。

一位"笨"孩子,他是怎么走向成功的呢? 下面三点就是比特自己讲述的:

第一,每个人都有自己最强的一项,有人会写,有人会算,对有些人难的,对另一些人简直容易得如"小菜一碟"。我想强调的是: 一定要做最适合自己的事情,不要迎合别人的口味而去做一件不属于自我,但是又要付出一生代价的"难事"。

第二,我非常幸运自己有如此谅解我、对我容忍又耐心的父母,如果有一道考题,别人只花15分钟,而我必须用2个小时完成的时候,我的父母从来不会因此而打击我。对于我的父母来说,只要自己的儿子尽力而为了,就是他们的目的。

第三,我从不跟自己的同班同学竞争,如果我的同学又高又大,跑得很快,而我又小又矮,为什么一定要跟他们比呢? 知道自己在哪里可以停止,这非常重要。我也曾经问过自己千百次,为什么别人可以学习得轻松? 为什么我永远回答不了问题? 为什么我总要不及格? 当知道自己的病症以后,我得到了专业人士的关爱和解释。理解自己和理解周围的环境,非常重要。

这是"笨"小孩的故事,下面让我们再看看"丑"姑娘的故事:

长相平常的陈颖在公司企划部里实在引不起人们更多的注意,但恰恰是她成了企划部的总监,管理着一群比她小不了几岁的俊男靓女。

其实陈颖的相貌不仅仅是平庸,简直是"有点丑",各公司的企宣部门常常是俊男靓女的所在,像她这样长相的并不多见。说来也怪,从小就不指望靠相貌打天下的陈颖偏偏要在这样的门面部门工作。

陈颖吃的苦可谓不少。19岁那年,她在江西老家连考两年大学不中,当时她的心情很灰暗,觉得自己的梦想几乎不可能实现了。就在这时,家乡中学老师找到她们几个落榜的女生说广州一家酒店正在招服务员,让学生们去试试。

陈颖是抱着进入大城市工作的信念参加招考的，不过她未被录用，原因就是长相"有点丑"。看着昔日同窗纷纷奔向广州，陈颖心理上受到很大刺激，觉得自己无才无貌，简直是个废物。

后来陈颖在北京的姑姑劝她来北京上学，于是陈颖在姑姑的帮助下报名参加了对外经贸大学的成人大专班。经过两年的脱产学习，最终获得了大专文凭。就是从那时起，陈颖重拾自信，决定自己闯天下了。

在1994年的北京，怀揣着大专文凭找工作已不太容易，陈颖找了一圈工作下来，发现自己除了拥有大专文凭，其他技能差得还很多，比如电脑、外语和社会交际能力。于是她开始一边找工作一边恶补各种技能，半年下来，她在卡耐基口才班接受的培训首先派上了用场——一家公司决定聘任她为市场营销人员；一年后，当她在英语口语班练就了一口流利标准的美语后，她接受了一家外企公司的聘用，当时那家外企销售部只有陈颖一个人是大专学历且没有北京户口。

不过，她并没有满足，在她已经成为那家外企公司的销售总监时，现在的这家公司又一次吸引了陈颖。凭着多年的销售经验和练就的职业素养，使得公司人事部经理一下看中了陈颖，但他们在分配工作时把陈颖分到了企宣部门。一开始就抵触"门面"部门的陈颖对于公司的安排深感奇怪，不过公司老总表示，企宣部门不是靠长相生存的，这里需要更多有内在实力的人参与进来，以提高公司整体形象。陈颖就这样成了企宣部的一名员工。

进入企宣部的第一个月，陈颖便成功地策划了公司的一次宣传推广活动，这次成功的推广会不仅奠定了她在企宣部的地位，也使陈颖感到了自身的不足。同行对于国际公关策划活动的谙熟让她自愧弗如，在他们的启发下，陈颖不久后便报名参加了一个在职MBA班的学习。两年MBA读下来，收获真是不小，夏天学业结束后，陈颖又准备出国深造。所谓不破不立，现在的工作虽然不错，但自身能力获得提高后会觉得理想也提升了。

有时回过头来看当年未被广州酒店录用这件事，到底是福还是祸呢？还真说不清。

这就是陈颖的心得：没有天生丽质的姑娘最好当"才女"，现代社会给予才女的机会可能比美女更多；如果你不甘于平凡的工作，就选择不断提升自己。总之，只要你不被"面子"心理所限，而是选择了自信地努力着，你付出的辛苦最终会换来一片蓝天。

受过苦的人，没有悲伤的权利

阿兰·米穆是一位历经辛酸，从社会最底层拼搏出来的法国当代著名长跑运动员。他是法国 10000 米长跑纪录创造者、第 14 届伦敦奥运会 10000 米赛亚军、第 15 届赫尔辛基奥运会 5000 米亚军、第 16 届墨尔本奥运会马拉松赛冠军，后来在法国国家体育学院执教。

米穆出生在一个相当寒酸的家庭。从孩提时代起，他就非常喜欢运动。可是，家里很穷，他甚至连饭都吃不饱。这对任何一个喜欢运动的人来讲都是颇为难堪的。例如，踢足球，米穆就是光着脚踢的。他没有鞋子，他母亲好不容易替他买了双草底帆布鞋，为的是让他去学校念书穿的。如果米穆的父亲看见他穿着这双鞋子踢足球，就会狠狠地揍他一顿，因为父亲不想让他把鞋子穿破。

11 岁半时，米穆已经有了小学毕业文凭，而且评语很好。他母亲对他说："你终于有文凭了，这太好了！"可怜的妈妈去为他申请助学金。但是，遭到了拒绝！

这是多么不公正啊！他们不给米穆助学金，却把助学金给了比他富有得多的殖民者的孩子们。鉴于这种不公道，米穆心想："我是不属于这个国家的，我要走。"可去哪里呢？米穆知道，自己的祖国就是法国。他热爱法国，他想了解它。但怎么去了解呢？因为他太穷了。

没有钱念书，于是米穆就当了咖啡馆里跑堂的。他每天要一直工作到深夜，但还是坚持锻炼长跑。为了能进行锻炼，每天早上5点钟他就得起来，累得他脚跟都发炎脓肿了。总之，为了有碗饭吃，米穆是没有多少工夫去训练的。但是，他还是咬紧牙关报名参加了法国田径冠军赛。米穆仅仅进行了一个半月的训练。然后，先是参加了10000米冠军赛，可是只得了第三名。第二天，他决定再参加5000米比赛。幸运的是，他得了第二名。就这样，米穆被选中并被带进了伦敦奥林匹克运动会。

对米穆来说，这简直是不可思议的事情！他在当时甚至还不知道什么是奥林匹克运动会，也从来想象不到奥运会是如此宏伟壮观。全世界好像都凝缩在那里了。不过，在这个时刻，最重要的是，他知道自己是代表法国。他为此感到高兴。

但是，有些事情让米穆感到不快。那就是，他并没有被人认为是一名法国选手，没有一个人看得起他。比赛前几小时，米穆想请人替自己按摩一下，于是他便很不好意思地去敲了敲法国队按摩医生的房门。

得到允许后，他就进去了，按摩医生转身对他说："有什么事吗，我的小伙计？"

米穆说："先生，我要跑10000米，您是否可以助我一臂之力？"

医生一边继续为一个躺在按摩床上的运动员按摩，一边对他说："请原谅，我的小伙计，我是派来为冠军们服务的。"

米穆知道，医生拒绝替自己按摩，无非就是因为自己不过是咖啡馆里一名小跑堂罢了。

那天下午，米穆参加了对他来讲具有历史意义的10000米决赛。他当时仅仅希望能取得一个好名次，因为伦敦那天的天气异常干热，很像暴风雨的前夕。比赛开始了。米穆并不模仿任何人，同伴们一个接一个地落在他的后面，他成了第四名，随后是第三名。很快，他发现，只有捷克著名的长跑运动员扎托倍克一个人跑在他前面进行冲刺。米穆终于得了第二名。

米穆就是这样为法国和为自己争夺到了第1枚世界银牌的。然而，最使米穆感到难受的，还是当时法国的体育报刊和新闻记者。他们在第二天早上便边打听边嚷嚷："那个跑了第二名的家伙是谁呀？啊，准是一个北非人。天气热，他就是因为天热而得到第二名的！"瞧瞧，多令人心酸！

米穆感到欣慰的是，在伦敦奥运会四年后，他又被选中代表法国去赫尔辛基参加第15届奥运会。在那里，他打破了10000米法国纪录，并在被称为"20世纪5000米决赛"的比赛中，再一次为法国赢得了一枚银牌。

随后，在墨尔本奥运会上，米穆参加了马拉松比赛。他以1分40秒跑完了最后400米，终于成了奥运会冠军！

他不用再去咖啡馆当跑堂的了。可是，米穆说："我喜欢咖啡，喜欢那种香醇，也喜欢那种苦涩……"

出身卑微，在许多人看来是一件让颜面尽失的事情。诸如出身、容貌等这样的条件，我们确实无法去选择，但我们可以选择勇敢面对，通过自己的努力去改变周围的世界，去印证自己的独特与非凡！

英雄可以被毁灭，但是不能被击败；英雄的肉体可以被毁灭，可是精神和斗志不能失去。很多人告诉自己：失败的最直接结果是丢尽了面子，其实他们并没有搞清楚失败的真正含义。

人的一生中不可能一帆风顺，难免会遭受挫折和不幸。但是成功者和失败者有一个重要的区别就是，失败者总是在挫折来临时首先想到面子的问题，从而每次虚荣心的溃败都会深深打击他的锐气；成功者则是从不言败，在一次又一次的挫折面前，总是对自己说："我不是失败了，而是还没有成功。"一个暂时失利的人，如果继续努力，打算赢回来，那么他今天的失利就不是真正的失败。相反，如果他失去了再战斗的勇气，那就是真的输了！

如果一个人把眼光拘泥于丢失面子的痛苦之上，他就很难再抽出身来想一想自己下一步该如何努力，最后如何成功。一个拳击运动员说："当你的左眼被打伤时，右眼还得睁得大大的，才能够看清敌人，也才能够有机会还手。如果右眼同时闭上，那么不但右眼也要挨拳，恐怕连命都难保！"拳击就是这样，即使面对对手无比强劲的攻击，你还得睁大眼睛面对受伤的感觉，如果不是这样的话一定会失败得更惨。其实人生又何尝不是这样呢？

大哲学家尼采说过："受苦的人，没有悲观的权利。"已经受苦了，为什么还要被剥夺悲观的权利呢？因为受苦的人，必须要克服困境，悲伤和哭泣只能加重伤痛，所以不但不能悲观，而且要比别人更积极。在冰天雪地中历险的人都知道，凡是在途中说"我撑不下去了，让我躺下来喘口气"的同伴，很快就会死亡，因为当他不再走、不再动时，他的体温就会迅速地降低，很快就会被冻死。在人生的战场上，如果失去了跌倒以后再爬起来的勇气，我们只能得到彻底的失败。

学历不是通行证，有能力才是本事

不要抱怨命运的不公，你可能会因为你没有学历而认为自己在有学识的人面前很没面子。但是，只要你选择了一把适合自己的椅子，你迟早会在椅子上做出你的贡献。

阿尔伯特·霍布代尔是曼彻斯特市格雷大街中学的校工，尽管薪水只有每周5英镑，但他工作十分尽责，总是把校园收拾得干干净净，整整齐齐，因为他觉得：既然自己没有机会读书识字，多干点事，为孩子们提供好的学习环境也是不错的。

不料那一年，他敬佩的老校长退休了，来了一个叫约翰逊的自命不凡的新校长。他上任不久，就宣布全体员工每天必须签到并注明时间。周五，他把考勤簿拿来查看，情况好极了！他满意地正准备把签得密密麻麻的簿子合上时，却发现一处空白，显得很不协调。他立即命人去把那个不服帖的人找来。

"听着，阿尔伯特，我已规定所有员工必须在考勤簿上签到，你知道吗？"

"知道，先生。"

"那么，你签了没有？"

"没有，先生。"

"我一旦定下制度，就意味着每个人必须照办，谁不照办，就得请便——你懂我的意思吗？"

"我懂，先生。"

"那你为什么不签？"

阿尔伯特涨红了脸，半晌不说话，最后只好以实相告："我签不好，先生。"

"什么？签不好？天啊！下一句话，你该不会说，你不识字吧？"

"确实不识字，先生。"

"太可怕了！简直令人难以置信：一个在教育机构（这个词他觉得比'学校'好听）工作的人竟不识字……够了！你知道我这儿不容许低效率，给你一周时间，另谋生路吧！"

"可是，先生，我在这儿已经干了20年，校园里处处整齐干净，从来没有谁挑出我的错儿，为什么要辞退我？再说，作为校工……"

"噢，那倒不假。但是，无论如何，堂堂教育机构里，总不能容忍一个文盲员工存在，这是原则。你走吧！"

阿尔伯特走出学校时，天已黑了。他是单身汉，平时生活简单，早餐不用说了，就是中饭，也经常是面包加奶酪，带到学校吃，只是晚上回家才"享受"一下，也不过是泡杯浓茶，加三块方糖，再来一条腌鲱鱼，一小听鲑鱼罐头，外带几片腊肉。而最少不了的，则是一盘炒香肠，它对阿尔伯特来说，不仅是一种佳肴，还有祛病镇痛的功效。因此，在今天这个20年来最倒霉的日子里，他提醒自己一定得买半磅香肠带回家。

猛地他打了一个冷战——他记起自己常去买香肠的那家小食品店店主威格

丝太太前天死了，店门至今还关着，附近再没有别的卖香肠的店。

"真该死，为什么整个街区没有第二家香肠店呢？"阿尔伯特情绪坏到了极点，只觉得眼前漆黑。倏地，一个念头像闪电一样晃进他的脑子:既然如此，何不自己开一家呢？这些年好歹攒了一些钱，何况现在又失了业……对！就把威格丝太太的店盘过来，作为谋生之路吧！

他兴奋得把失业的烦恼抛到了九霄云外。一星期后，食品店重新开张，阿尔伯特做了店主。

生意不坏。阿尔伯特心想：把香肠做熟再卖不是更好吗？于是，他开始加工香肠，并在一大早就把热气腾腾的香肠端出去。正值11月份，天冷又多雾，热香肠诱人的香味，吸引来一批又一批顾客。

为了应付店前的"长龙"，阿尔伯特想出了新点子：削制了许多小竹签子，把香肠夹在半切开的面包里，串在竹签子上卖。这种早点经济又方便，一面世就大受欢迎，结果，"长龙"不但没有消失，反而更长了。阿尔伯特一个月内接连雇了两个帮手，仍然忙不过来，顾客把店门都快挤破了。

他灵机一动，雇了一个半大的孩子，让他蹬着三轮车到街头流动出售，这果然减轻了店门前的拥挤，生意也因此做得更大。

随着"霍布代尔香肠"的名声越来越响，他的小吃馆变成了大饭店，还开了两家分店。为了保证货源，他开始自己制作香肠，而不再依赖批发商。

入夏了，这是一个特别炎热的夏天，没有多少人愿意吃热香肠——实际上，任何热食都勾不起人们的食欲。阿尔伯特转念一想：既然天热得大家都不愿下厨，也不愿挤饭馆，何不把香肠做熟晾凉，然后把凉香肠送货上门呢？说干就干！三个孩子一齐出动,蹬着车子穿街走巷,专卖串在竹签上的"面包夹香肠"。这个夏季的销售量竟比冬季还要多！

以下的蓬勃发展就不用细说了，只需告诉你：自打开店那天起，阿尔伯特就再也没有怀念过以前的日子。5年以后,任何人到曼彻斯特市,不管大街小巷,都可以看到蹬车叫卖香肠的孩子。又过了几年，就连最繁华的大街上，也有了

"霍布代尔香肠店"的分店,且是产、供、销"一条龙"服务。

随着事业发展,阿尔伯特感到需要提高新工人的技术水平。他与学区教育委员会联系,申请创建一所"香肠制作技术学校"。

这位实业家的想法得到了学区教委的大力支持,筹备工作进展顺利,双方商定:由学区委派正、副校长,而教师则主要从高、中级职员和技术工人中选聘。

不久,副校长打来一个电话说:"霍布代尔香肠制作技术学校不久即可开学,特请董事长题写校名。"

阿尔伯特哑然失笑,回话说:"副校长先生,真对不起,还是请你们中间哪一位代劳吧,我写不好。"副校长有点不悦,说:"霍布代尔先生,不要推辞了,像您这样卓有成就的实业家,不是出自'剑桥''牛津',就是在国外深造过。生意再忙,写这样几个字还是抽得出时间的吧!"

阿尔伯特只好以实相告:"副校长先生,我真的写不好。说来也许您不相信:10多年前,我还是个大老粗——既不会写也不会谈,就连自己的名字,也是经商以后才学会写的。"

副校长几乎不敢相信自己的耳朵,在电话那头沉默了好一阵。最后说:"霍布代尔先生,您真了不起,在没有受过正规教育的条件下,竟然做出了这样一番大事业。我想倘若您10年前就能读会写的话,那今天又该是怎样的人呢!"

阿尔伯特放声大笑,毫不在意自己的面子道:"格雷大街中学的校工——一周挣5英镑,先生!""啊——"电话里传来一声惊呼,原来,那副校长不是别人,正是当年把阿尔伯特赶出校门的约翰逊先生。

确定你是对的,然后勇往直前

既然你确定了是对的,就绝不能妥协。

你听过塞蒙·纽康这名字吗？这个人出生于 1835 年，卒于 1909 年。在莱特兄弟首次飞行成功前一年半，他说了以下的"名言"："想叫比空气重的机器飞上天，不但不可能，而且毫不实用。"

你知道约翰·莱特福特吗？他不但是个博士，而且当过英国剑桥大学副校长。在达尔文出版《物种起源》这部名著前夕，他郑重地指出："天与地，在公元前 4000 年 10 月 23 日上午 9 点诞生。"

狄奥尼西斯·拉多纳博士生于 1793 年，曾任伦敦大学天文学教授。他的高见是："在铁轨上高速旅行根本不可能，乘客将不能呼吸，甚至将窒息而死。"

1786 年，莫扎特的歌剧《费加罗的婚礼》初演，落幕后，拿波里国王费迪南德四世坦率地发表了感想："莫扎特，你这个作品太吵了，音符用得太多了。"

国王不懂音乐，我们可以不苛责，但是美国波士顿的音乐评论家菲力普·海尔于 1873 年表示："贝多芬的第七交响乐，要是不设法删减，早晚会被淘汰。"

乐评家也不懂音乐，但是音乐家自己就懂音乐吗？柴可夫斯基在他 1886 年 10 月 9 日的日记上说："我演奏了勃拉姆斯的作品，这家伙毫无天分，眼看这样平凡的自大狂被人尊为天才，真令我忍无可忍。"

有趣的是，乐评家亚历山大·鲁布，1881 年就事先替勃拉姆斯报了仇。他在杂志上撰文表示："柴可夫斯基一定和贝多芬一样聋了，他运气真好，可以不必听自己的作品。"

1962 年，还未成名的披头士合唱团，向英国威克唱片公司毛遂自荐，但是被拒绝。公司负责人的看法是："我不喜欢这群人的音乐，吉他合奏已经太落伍了。"

你听说过艾伦斯特·马哈吗？他曾任维也纳大学物理学教授，生于 1838 年，卒于 1916 年。他说："我不承认爱因斯坦的相对论，正如我不承认原子存在。"

爱因斯坦对以上批评并不在意，因为早在他 10 岁于慕尼黑念小学的时候，任课老师就对他说："你以后不会有出息。"

严格说来，遭人反对、小看不是坏事，这可以提醒我们争取进步。可是，人身攻击就令人难以忍受了。

法国小说家莫泊桑，曾被人批评为："这个作家的愚蠢，在他眼睛上表露无遗。那双眼珠，有一半陷入上眼皮，如在看天，又像狗在小便。他注视你时，你会为了那愚蠢与无知，打他一百记耳光仍觉吃亏。"

就算西方文学的大宗师莎士比亚，也有阴沟翻船的时候。以日记文学闻名的法国作家雷纳尔1896年在日记中说："第一，我未必了解莎士比亚；第二，我未必喜欢莎士比亚；第三，莎士比亚总是令我厌烦。"1906年，他又在日记中说："只有讨厌完美的老人，才会喜欢莎士比亚。"

这位雷纳尔先生爱说俏皮话，他在1906年的日记中说："你问我对尼采有何看法？我认为他的名字里赘字太多。"连名字都有毛病，文章如何自不待言。

英国作家王尔德，也以似通不通的修辞技巧，批评萧伯纳说："他没有敌人，但是他的朋友都深深地恨他。"

思想家卢梭54岁那年，即1766年，被人讽刺为："卢梭有一点像哲学家，正如猴子有点像人类。"

戴维·克罗克特有一句很简单的座右铭："确定你是对的，然后勇往直前。"

每一个人，无论是贩夫走卒还是英雄人物，总有遭人批评的时刻。事实上，越成功的人，受到的批评就越多。只有那些什么都不做的人，才能免除别人的批评。真正的勇气就是秉持自己的信念，不管别人怎么说。

水温够了茶自然香

一个屡屡失意的年轻人觉得在工作单位很没面子，单位领导并没有给他重要的岗位去锻炼，也没有提拔他的迹象……于是他决定外出寻求指点。他千里迢迢来到普济寺，慕名找到老僧释圆，沮丧地对他说："人生总不如意，活着也是苟且，有什么意思呢？"

释圆静静地听着年轻人的叹息和絮叨，末了才吩咐小和尚说："施主远道而来，烧一壶温水送过来。"

不一会儿，小和尚送来了一壶温水，释圆抓了把茶叶放进杯子里。然后用温水沏了，放在茶几上，微笑着请年轻人喝茶。杯子冒出微微的水汽，茶叶静静地浮着。年轻人不解地询问："宝刹怎么温茶？"

释圆笑而不语。年轻人喝一口细品，不禁摇摇头："一点茶香都没有呢。"

释圆说："这可是闽地名茶铁观音啊！"

年轻人又端起杯子品尝，然后肯定地说："真的没有一丝茶香。"

释圆又吩咐小和尚："再去烧一壶沸水送过来。"

又过了一会儿，小和尚便提着一壶冒着浓浓白汽的沸水进来。释圆起身，又取过一个杯子，放茶叶，倒沸水，再放在茶几上。年轻人俯首看去，茶叶在杯子里上下沉浮，丝丝清香不绝如缕，望而生津。

年轻人欲去端杯，释圆作势挡开，又提起水壶注入一线沸水。茶叶翻腾得更厉害了，一缕更醇厚更醉人的茶香袅袅升腾，在禅房弥漫开来。释圆这样注了五次水，杯子终于满了，那绿绿的一杯茶水，端在手上清香扑鼻，入口沁人心脾。

释圆笑着问："施主可知道，同是铁观音，为什么茶味迥异吗？"

年轻人思忖着说："一杯用温水，一杯用沸水，冲沏的水不同。"

释圆点头："用水不同，则茶叶的沉浮就不一样。温水沏茶，茶叶轻浮水上，怎会散发清香？沸水沏茶，反复几次，茶叶沉沉浮浮，释放出四季的风韵：既有春的幽静、夏的炽热，又有秋的丰盈和冬的清冽。世间芸芸众生，也和沏茶是同一个道理。也就相当于沏茶的水温度不够，想要沏出散发诱人香味的茶水不可能；你自己的能力不足，要想处处得力、事事顺心自然很难。要想摆脱失意，最有效的方法就是苦练内功，提高自己的能力。"

　　年轻人茅塞顿开，回去后刻苦学习，虚心向人求教，不久就引起了单位领导的重视。

　　水温够了茶自香，功夫到了自然成。历史上凡有建树的人，往往都是很勤奋、很努力的人。任何一项成就的取得，都是与勤奋和努力分不开的，只要我们功夫做到家，自然能挣足成功的"面子"。

坦言失败，就是成功的起点

　　坦言失败要有相当的勇气，至少要能挑战面子心理的障碍。

　　1928年，大散文家沈从文被当时任中国公学校长的胡适聘为该校讲师。沈从文时年才26岁，学历只是小学文化，闯入十里洋场的上海为时不长，即以一手灵气飘逸的散文而震惊文坛，当时已颇有名气。

　　但是，名气不是胆气。在他第一次走上讲台的时候，除原班学生外，慕名而来听课的人很多。面对台下满堂坐着的渴盼知识的学子，这位大作家竟整整10分钟一句话也说不出来。后来开始讲课了，而原先准备好的要讲授一个课时的内容，被他三下五除二地用10分钟就讲完了，离下课时间还早呢！但他没有天南海北地瞎扯来硬撑"面子"，而是老老实实拿起粉笔在黑板上写道："今天是我第一次上课，人很多，我害怕了。"于是，这老实得可爱的"坦言失败"，引得全堂爆发出一阵善意的欢笑……胡适知道后，评价这次讲课时，对沈从文的坦言与直率，认为是"成功"了！

　　坦言失败的前提，需要有光明磊落的胸襟和正视自我的勇气；而善待失败应是对自己失败的原因有所了解和发现，从而才有可靠的举措成竹在胸，这样，就不会重蹈失败的覆辙。这样的既敢"坦言"又能"善待"的"失败"，才会成为"成功之母"。

不仅如此，就算是结果已经出来了，我们已经面临着失败了，我们还可以再次选择，只要有好心态，成功迟早都会光临。

在一次别开生面的人才招聘会上，A 君以其绝对的实力过了五关。不知最后一关会是什么，A 君在揣摩着。而另一位同是某名牌大学毕业的 B 君则有两关是勉强通过的。

此时，他们都在等待着第六关考题的公布，这将是对他们的一次宣判，因为两人当中只能选一个。

A 君入选是无疑了。大家都向他投去赞赏的目光。

主持者在有些令人窒息的片刻"冷场"之后开始宣布：A 君被录取，B 君另谋高就。

宣布完后，A 君兴奋地站起来，抑制不住心中的激动之情带头为自己鼓掌。

这时，B 君不卑不亢地起身微笑着说："哦，正可谓人各有志不可强求，选择人才是择优录取，更何况每个单位都有它用人的标准和尺度，每个人只要找，也会有适合自己的位置。好了，再见。"

"B 先生请留步！"主持者面带欣喜地起身走向 B 君，"B 先生，你被录取了。"

接着，主持者向大会郑重宣布：成功与失败本是两个相互依存的概念，是相对而存在的，应该是平等的，如果把任何一方看得过重，这架天平就要失衡。在这个世上生存或是发展，我们不只羡慕成功者的辉煌，而更看重能镇定自若面对失败的人。因为，每一个成功实际上是以许多的失败为起点的，在起点上都坚持不住的人，何谈以后的漫漫长途呢！

全场响起热烈的掌声。

此时，我们都该和 A 君一样，知道我们所面临的第六个问题了吧。

生活需要一种平和的态度，对待成功与失败更需要以一种平和的心态去面对，成功固然可喜，失败也不必气馁。每一个成功实际上是以许多的失败为起点的，在起点上能平静面对并坚持下去的人，必能达到成功的终点。

是金子总会发光的

维斯卡亚重型机械制造公司是美国 20 世纪 80 年代最为著名的机械制造公司，其产品销往全世界，并代表着当今重型机械制造业的最高水平。许多人毕业后到该公司求职遭拒绝，原因很简单，该公司的高技术人员爆满，不再需要各种高技术人才。但是令人垂涎的待遇和足以自豪、炫耀的地位仍然向那些有志的求职者闪烁着诱人的光环。

詹姆斯和许多人的命运一样，在该公司每年一次的用人测试会上被拒绝申请，其实这时的用人测试会已经是徒有虚名了。詹姆斯并没有死心，他发誓一定要进入维斯卡亚重型机械制造公司。于是他采取了一个特殊的策略——假装自己一无所长。

他先找到公司人事部，提出为该公司无偿提供劳动力，请求公司分派给他任何工作，他都不计任何报酬来完成。公司起初觉得这简直不可思议，但考虑到不用任何花费，也用不着操心，于是便分派他去打扫车间里的废铁屑。一年来，詹姆斯勤勤恳恳地重复着这种简单但是劳累的工作。为了糊口，下班后他还要去酒吧打工。这样虽然得到老板及工人们的好感，但是仍然没有一个人提到录用他的问题。

1990 年初，公司的许多订单纷纷被退回，理由均是产品质量有问题，为此公司将蒙受巨大的损失。公司董事会为了挽救颓势，紧急召开会议商议解决办法，当会议进行了一大半却尚未有眉目时，詹姆斯闯入会议室，提出要直接见总经理。在会上，詹姆斯把这一问题出现的原因做了令人信服的解释，并且就工程技术上的问题提出了自己的看法，随后拿出了自己对产品的改造设计图。这个设计非常先进，恰到好处地保留了原来机械的优点，同时克服了已出现的弊病。总经理及董事会的董事见到这个编外清洁工如此精明在行，便询问他的背景以及现状。詹姆斯面对公司的最高决策者们，将自己的意图和盘托出，经董事会举手表决，詹姆斯当即被聘为公司负责生产技术问题的副总经理。

原来，詹姆斯在做清扫工时，利用清扫工可以到处走动的特点，细心察看了整个公司各部门的生产情况，并一一做了详细记录，发现了存在的技术性问题并想出了解决的办法。为此，他花了近一年的时间搞设计，做了大量的数据统计，为最后一展雄姿奠定了基础。

詹姆斯不愧是一个聪明人，他知道"是金子总会发光的"。他在推销自己的过程中能够不争一时之先后，更不在乎工作暂时的低贱，才华不外露，锋芒内敛；他目光远大，为自己的发展准备了充分的条件，因此最终获得了成功。

为梦想不要面子，勇往直前

史蒂芬·史匹柏在 36 岁时就成为世界上最成功的制片人，电影史十大卖座影片中，他个人囊括四部。他是怎么能在这样年轻的年纪就有此等成就？他的故事实在耐人寻味。

史匹柏在十二三岁时就知道，有一天他要成为电影导演。在他 17 岁那年的某天下午，当他参观环球制片厂后，他的一生改变了。那可不是一次不了了之的参观活动，在他得窥全貌之后，他当场就决定要怎么做。他先偷偷摸摸地观看了一场实际电影的拍摄，再与剪辑部的经理长谈了 1 个小时，然后结束了参观。

对许多人而言，故事就到此为止，但史匹柏可不一样，他有个性，他知道他要什么。从那次参观中，他知道得改变做法。

于是第二天，他穿了套西装，提起他老爸的公文包，里头塞了一块三明治，再次来到摄影现场，装出他是那里的工作人员。当天他避开了大门守卫，找到一辆废弃的手拖车，用一块塑胶字母，不顾面子地在车门上拼成"史蒂芬·史匹柏""导演"等字。然后他利用整个夏天去认识各位导演、编剧、剪辑，终日流连于他梦寐以求的世界里。从与别人的交谈中学习、观察并碰撞出越来越多关于电影制作的灵感。

终于在 20 岁那年，他成了正式的电影工作者。他在环球制片厂放映了一部他拍得不错的片子，因而签订了一纸 7 年的合同，导演了一部电视连续剧。他的梦想终于实现了，他"成功了"！

一个 17 岁的男孩就有勇气去学习拍电影，而且敢于自命为导演，并且更令人惊讶的是他敢于去跟别人谈拍电影的生意，而这一切的成功在于他努力学习，把面子放到一边，如果他很在乎自己的面子，他 20 岁能成为导演吗？

是的，面子可以遮丑，但不可以让你进步，为了面子问题而失去进步的机会这是得不偿失的。

有这样一个寓言故事：

在最初的时候，森林里的鸟儿都不会唱歌。直到有一天，从很远的地方飞来了一只很会唱歌的云雀，它的歌声那么委婉动听，感动了森林里所有的鸟。所有的鸟一致要求云雀教它们唱歌。经不住所有鸟儿的苦苦恳求，云雀答应了。

开始教歌的第一天，云雀首先教音符。它教一声，大家就唱一声。教了一会儿，云雀为了检验学生们的学习情况，就请它们一个个地站出来单独试唱。第一个点的是乌鸦。乌鸦红着脸，扭扭捏捏地站了起来，不好意思地低声发出了声音。由于它的羞涩，发出的音符走了调，大家一下子哄堂大笑起来。这一来乌鸦更羞得脸红脖子粗，它暗地里想："唉！多丢人呀！丑死了！"云雀制止了大家的笑，为了更准确地纠正乌鸦的发音，它请乌鸦再大声唱一遍。乌鸦却想："这不是存心丢我的面子吗？我才不愿再丢丑呢！"她一声也不吭，恨恨地飞走了。从此再也不接受云雀的邀请。

云雀后来又请其他的鸟来唱。其他的鸟在最初几次发音也走了调，大家也同样地嘲笑了它们；但那些鸟儿都没有像乌鸦那样飞走，而是总结经验，听从云雀的指导，耐心地学了下去。

后来，森林里其他的鸟儿都学会了唱歌，声音悦耳动听，唯独乌鸦到现在还不会唱歌，偶尔叫喊几声也仍然是当初走调的声音。

爱面子和死要面子是人性中的通病，在他人的嘲笑中缺乏的是对自己坚定的信念，一味地为自己护短，这本身就是对自己不负责任的表现，最终吃亏的还是自己。相反，要是能放下面子和身段，朝着自己的目标努力前行，就一定可以实现梦想。

艺术地"炒"一点名人效应

巧妙地使自己的"面子"增添一点"光环"，提高人脉含金量，是人生左右逢源一个不可忽视的因素。

马尔科姆·福布斯是一个善于利用和名人的关系达到既宣传自己，又获得商业利益的典型人物。

福布斯在和好莱坞巨星伊丽莎白·泰勒认识之前，已经是杂志出版界响当当的人物，而他那些乘热气球、骑摩托车及收藏法比杰金蛋、玩具士兵、总统文件等等怪异作风，又为他添了不少名气，再加上他那若有若无的同性恋问题，更使得原来清晰的名字被媒介冠以越来越多光怪陆离的名衔。不过，纵然如此，他的知名度如果和超级巨星比起来，还有一段距离。因为，再怎么有名的杂志大亨，圈外人知道的也还是不多。这就像棒球英雄一样，对不看棒球的人来说，再大的棒球英雄在他面前也只是无名小卒。

到底怎样才能提高知名度呢？那就是利用名人的关系，借用名人的名声。泰勒曾两次荣获奥斯卡提名奖，因担任《埃及艳后》主角而被世人尊称为"埃及艳后"，而她本人也被称为"好莱坞的常青树"。

马尔科姆与泰勒凑在一起是缘于一次商业合作。

泰勒为了推销新上市的"热情"香水，想找一个名声响亮而品位高雅的百万富翁帮忙。因为这种香水的使用对象是品位高而又性感的淑女，被她的香水吸引过去的则必须是品位高而又性感的百万富翁，而马尔科姆似乎很符合这个标准，马尔科姆本人对此似乎也乐此不疲。

这对马尔科姆来讲简直就是天上掉下来的一个提高知名度的绝佳机会。

"做这个国际巨星的护花使者，就如同往银行里存钱一样。"

马尔科姆为自己大出风头的时机即将到来而雀跃不已。虽然在场的镁光灯全都把目标对准泰勒，但只要和泰勒站在一起，还愁自己不成为全世界瞩目的焦点吗？

从此，马尔科姆便和泰勒搅在一起，马尔科姆也从此粘住泰勒不放。

"我做什么都是享受人生，扩展事业。"马尔科姆表示他与泰勒出双入对可以达到目的。

虽然马尔科姆经常表示他和泰勒无意结婚，但同时也经常做出一些小动作，让外界保持对他们的浪漫的幻想。

还有一次，《新闻周刊》的记者采访马尔科姆，提到有传言他向泰勒求婚。马尔科姆笑着回答说那只是空穴来风，不过他并没有否认他们之间的罗曼史。

但不管怎么说，马尔科姆借助这种与名人的友谊所产生的经济效益的确越来越高。很多从不涉足商界的人因为泰勒而知道了福布斯，马尔科姆的名声像滚雪球一样越滚越大。

马尔科姆为泰勒和她所致力的艾滋病防治运动投入了不少时间和金钱，在他 70 岁寿诞时，他要连本带利地回收了。

在这场耗资二三百万美元的超豪华晚宴上，泰勒以女主人的身份出现，从而成为宴会上最闪亮的明星。不过她充其量只是个配角而已，马尔科姆一直都在利用她的名气来促销自己，不管她本人有没有感觉到。她只是马尔科姆事先设计好的盛大表演的一个活道具，而这也正是马尔科姆的前妻罗柏塔最不情愿扮演的角色。

1987 年，马尔科姆为庆祝 70 岁大寿在摩洛哥皇宫举办了又一场晚宴。这次宴会总共有 800 多位工商巨子和政客显贵参加，包括记者在内的来宾，所有的交通费用都由《福布斯》承担。出席宴会的名人大致可分为两种：一种是家喻户晓的明星级人物，如巴巴拉·华特丝、亨利·基辛格、李·艾柯卡以及来自石油世家的哥登·盖堤、大都会传播企业的克鲁吉、英国出版王国的麦克斯韦尔、英国企业界霸主詹姆斯·高史密斯等；另一种贵宾则是《福布斯》出版企业的衣食父母，包括美国信托公司的丹尼尔、20 世纪福斯特公司的巴端·泰勒、国际纸业的乔吉斯、西屋公司的马如斯、丰田公司的东乡原、福特公司的哈洛·波林、通用公司的罗杰·史密斯等。

这些世界上响当当的大人物，可以说是马尔科姆最宝贵的收藏品。他们的"展出"，不断地为马尔科姆带来名望和利润。

一个人想在某些圈子里成名并不难，但是，如果想在很多圈子里声名远播可就棘手了。因此，不少富人都借助机会炒作自己，让人脉不断升温，让"面子"上焕发出迷人的光彩。因为他们知道——名气也可以带来财富，而和名人结交，也会使自己成为名人。

第五章 | **金无足赤，人无完人：**
不必为缺憾而烦恼

你又不是人民币，不可能人人都喜欢

活着应该是为了充实自己，而不是为了面子迎合别人的意旨。每个人都应该坚持走为自己开辟的道路，不受他人的观点所牵制。我们无法改变别人的看法，能改变的仅是我们自己。

有个人一心一意想升官发财，可是从年轻熬到斑斑白发，却还只是个小公务员。这个人为此极不快乐，每次想起来就掉泪，有一天竟然号啕大哭起来。

一位新同事刚来办公室工作，觉得很奇怪，便问他到底因为什么难过。他说："我怎么不难过？年轻的时候，我的上司爱好文学，我便学着作诗、学写文章，想不到刚觉得有点小成绩了，却又换了一位爱好科学的上司。我赶紧又改学数学、研究物理，不料上司嫌我学历太低，不够老成，还是不重用我。后来换了现在这位上司，我自认为文武兼备，人也老成了，谁知上司喜欢青年才俊，我……我眼看年龄渐高，就要被迫退休了，一事无成，怎么不难过？"

可见，没有自我的生活是苦不堪言的，没有自我的人生是索然无味的，丧失自我是悲哀的。要想拥有美好的生活，自己必须自强自立，拥有良好的生存能力。没有生存能力又缺乏自信的人，肯定没有自我。一个人若失去自我，就没有做人的尊严，就不能获得别人的尊重。

没有自我的人，总是考虑别人的看法，这是在为别人而活着，所以活得很累。有些人觉得：老实巴交吧，会吃亏，被人轻视；表现出格吧，又会引来责怪，遭受压制；甘愿瞎混吧，实在活得没劲；有所追求吧，每走一步都要加倍小心。家庭之间、同事之间、上下级之间、新老之间、男女之间……天晓得怎么会生出那么多是是非非。你和新来的女同事有所接近，有人就会怀疑你居心不良；你到某领导办公室去了一趟，就会引起这样或那样的议论；你说话直言不讳，人家必然感觉你骄傲自满，目中无人；如果你工作第一，不管其他，人家就会说你不是死心眼太傻，就是有权欲与野心……凡此种种飞短流长的议论和窃窃私语，可以说是无处不生，无孔不入。如果你的听觉视觉尚未失灵，再有意无意地卷入某种旋涡，那你的大脑很快就会塞满乱七八糟的东西，弄得你头昏眼花，心乱如麻，岂能不累？

从前，有一个士兵当上了军官，心里甚是欢喜。每当行军时，他总是喜欢走在队伍的后面。

在一次行军过程中，他的敌人取笑他说："你们看，他哪儿像个军官，倒像个放牧的。"

军官听后，便走在了队伍中间。他的敌人又讥讽他说："你们看，他哪儿像个军官，简直是个十足的胆小鬼，躲到队伍中间去了。"

军官听后，又走到了队伍的最前面。他的敌人又挖苦说："你们瞧，他带兵打仗还没打过一个胜仗，就高傲地走在队伍的最前面，真不害臊！"军官听后，心想：如果什么事都听别人的话，自己连走路都不会了。从那以后，他想怎么走就怎么走了。

人要是没了自己的主见，经不起别人的议论，那么就会一事无成，最后都不知道该怎么办了。我们若想活得不累，活得痛快、潇洒，只有一个切实可行的办法，就是改变自己，主宰自己，不再相信"人言可畏"。

我们每个人绝无可能孤立地生活在这个世界上，几乎所有的知识和信息都要来自别人的教育和环境的影响，但你怎样接受、理解和加工、组合，是属于你个人的事情，这一切都要独立自主地去看待、去选择。谁是最高仲裁者？不是别人，而是你自己！歌德说："每个人都应该坚持走为自己开辟的道路，不被流言所吓倒,不受他人的观点所牵制。"让人人都对自己满意,这是不切实际、应当放弃的期望。

我们周围的世界是错综复杂的,我们所面对的人和事总是多方面、多角度、多层次的。我们每个人都生活在自己所感知的经验现实中,别人对你的反映大多有其一定的原因和道理,但不可能完全反映你的本来面目和完整形象。别人对你的反映或许是多棱镜,甚至有可能是让你扭曲变形的哈哈镜,你怎么能期望让人人都满意呢?

如果你期望人人都对你看着顺眼,感到满意,你必然会要求自己面面俱到。不论你怎么认真努力地去尽量适应他人,能做到完美无缺,让人人都满意吗?显然不可能!这种不切合实际的期望,只会让你背上一个沉重的包袱,顾虑重重,活得太累。

没必要掩饰自己,没人十全十美

抱着面子哲学过日子的人,处处喜欢显得比别人强。事实上,每个人都只能在某些领域里有所成就,这意味着缺陷是无处不在的。而试图每一样优势都在别人之上的人是愚蠢的。聪明的人,敢于不如人,自然赢得一份人生的适意。

一位作家的寓所附近有一个卖油面的小摊子。一次,这位作家带孩子散步路过,看到生意极好,所有的凳子都坐满了人。

作家和孩子驻足围观,只见卖油面的小贩把油面放进烫面用的竹捞子里,一把塞一个,在刹那之间就塞了十几把,然后他把叠成长串的竹捞子放进锅里烫。

接着他又以迅雷不及掩耳的速度,将十几个碗一字排开,放作料、盐、味精等,随后他捞面、加汤,做好十几碗面前后竟没用到 5 分钟,而且还边煮边与顾客聊着天。

作家和孩子都看呆了。

在他们从面摊离开的时候，孩子突然抬起头来说："爸爸，我猜如果你和卖面的比赛卖面，你一定会输！"

对于孩子突如其来的话语，作家莞尔一笑，并且立即坦然承认，自己一定会输给卖面的人。作家说："不只会输，而且会输得很惨。我在这世界上是会输给很多人的。"

他们在豆浆店里看伙计揉面粉做油条，看油条在锅中胀大而充满神奇的美感，作家就对孩子说："爸爸比不上炸油条的人。"

他们在饺子馆，看见一个伙计包饺子如同变魔术一样，动作轻快，双手一捏，个个饺子大小如一，晶莹剔透，作家又对孩子说："爸爸比不上包饺子的人。"

当我们放眼这个世界的时候，如果以自我为中心，很可能会以为自己了不起，可是一旦我们把狂心安静下来，用赤子之心来观察，就会发现我们是多么渺小。我们什么时候能看清自己不如人的地方，那就是对生命有真正信心的时候。

是的，每个人都不会是完美的人，都不会行行精通，有时候承认自己技不如人，并不是一件丢人的事情。相反，要是时时刻刻想着去掩饰自己的缺点或者不如别人的地方，反而会招致一些致命的错误。比如下面这个寓言故事里的猫：

有一只猫总是喜欢吹嘘自己的得意之处，对于自己的过失和缺点却百般掩饰。

它捕捉老鼠的本领还不太精湛，经常会让老鼠从自己的口中逃掉。对这种情况，它解释说："我看它太瘦了，先放走它，等以后养肥了再说。"

它到河边捉鱼，鲤鱼的尾巴狠狠地打在它的脸上，把它的脸打肿了，它却装出笑容说："那是我不想捉它，捉它还不容易？我就是要用它的尾巴洗把脸。

刚才到阁楼上去玩，把脸弄脏了！"

一次，它掉进泥坑里，浑身沾满了污泥。同伴们惊异地看着它，它连忙解释道："我最近身上长了一些跳蚤，用这个办法治它们，最灵验不过了！"

后来，它不小心掉进了河里。同伴们打算救它，它却说："你们认为我遇到危险了吗？不，我太热了，想洗个澡……"可是它话还没有说完就沉没了。有同伴说："不好了，它沉下去了，我们快救救它吧！"

"走吧，"另一只猫说，"我们一片好心，到时候又要被当成驴肝肺。一会儿它肯定会说它在表演潜水。"

因好面子而对自己的过错百般掩饰，即使危险之际也要打肿脸充胖子，也拒不接受别人的帮助，最终只能葬送自己的性命。

我只看我所有的，不看我所没有的

她站在台上，不时不规律地挥舞着她的双手；仰着头，脖子伸得好长好长，与她尖尖的下巴扯成一条直线；她的嘴张着，眼睛眯成一条线，诡谲地看着台下的学生；偶然她口中也会咿咿唔唔的，不知在说些什么。基本上她是一个不会说话的人，但是，她的听力很好，只要对方猜中，或说出她的意见，她就会乐得大叫一声，伸出右手，用两个指头指着你，或者拍着手，歪歪斜斜地向你走来，送给你一张用她的画制作的明信片。

她就是黄美廉，一位自小就患上脑性麻痹的病人。脑性麻痹夺去了她肢体的平衡感，也夺走了她发声讲话的能力。从小她就活在诸多肢体不便及众多异样的眼光中，她的成长充满了血泪。然而她并没有让这些外在的痛苦，击败她内在奋斗的精神，她昂然面对，迎向一切的不可能，终于获得了加州大学艺博士学位。她用她的手当画笔，以色彩告诉人"寰宇之力与美"，并且灿烂地"活出生命的色彩"。全场的学生都被她不能控制自如的肢体动作震慑住了，这是一场倾倒生命、与生命相遇的演讲会。

"请问黄博士，"一个学生小声地问，"你从小就长成这个样子，你怎么看待你自己？你都没有怨恨吗？"大家的心一紧，这孩子真是太不成熟了，怎么可以当着面，在大庭广众之下问这个问题，太刺人了，很担心黄美廉会受不了。

"我怎么看自己？"美廉用粉笔在黑板上重重地写下这几个字。她写字时用力极猛，有力透纸背的气势。写完这个问题，她停下笔来，歪着头，回头看着发问的同学，然后嫣然一笑，回过头来，在黑板上龙飞凤舞地写了起来：

一、我好可爱！

二、我的腿很长很美！

三、爸爸妈妈这么爱我！

四、上帝这么爱我！

五、我会画画！我会写稿！

六、我有只可爱的猫！

七、还有……

八、……

忽然，教室内鸦雀无声，没有人敢讲话。她回过头来定定地看着大家，再回过头去，在黑板上写下了她的结论："我只看我所有的，不看我所没有的。"

掌声由学生群中响起，看看美廉倾斜着身子站在台上，满足的笑容，从她的嘴角荡漾开来，眼睛眯得更小了，有一种永远也不会被击败的傲然，写在她的脸上。

大家不觉两眼湿润起来，看着美廉写在黑板上的结论："我只看我所有的，不看我所没有的。"每个人都在想，这句话将永远鲜活地印在自己的心上。

我们这么多年来每天生活在一个美丽的童话王国里，可是我们在混日子，看不见生活的美丽，怨天尤人，时常感到失落。要得到快乐，请记住这条规则："我只看我所有的，不看我所没有的。"

和自己赛跑，不要和别人比较

不要把你的生命浪费在和别人对比上，应该跟自己的心灵去赛跑。

他是一位咖啡爱好者，立志将来要开一家咖啡馆。闲暇时间，他到处喝咖啡。除了品尝不同的咖啡之外，也看看咖啡馆的装潢。

有一次，他约一位朋友喝咖啡。带着朝圣的心情，朋友跟他去了一趟咖啡馆。很不巧，他对那家咖啡馆似乎没有什么好感。

朋友问他："怎么样，这家店的咖啡口味还不错吧？"他淡淡地说："没什么！"

朋友继续问："店面的装潢呢？"他还是回答："没什么！"

以后的日子里，朋友陆陆续续跟他到过不同的咖啡馆，品尝过不同口味的咖啡，"没什么！"仿佛是他的口头禅，对所有去过的咖啡馆，他的评价都是"没什么"，而且带着点不屑的语气。我心想：大概是他的品位太高了，这些咖啡馆提供的饮料及气氛，果真都不如他的心意。

另外，有一位对西点蛋糕有兴趣的女孩。从前，她也常说："没什么！"

她不但爱吃西点蛋糕，还利用空闲时间拜师学艺，到专业的老师那儿上课，学做西点蛋糕。

刚开始学习的那段日子，她还是不改本性，不论到哪里、吃到什么西点蛋糕，都会给对方"五星级"的评价："没什么！"标准之严苛，让我这个平民百姓觉得她挑剔得过头。过了半年，当她从"西点蛋糕初学班"结业之后，态度有了180度大转变，无论在哪里，品尝过谁做的西点蛋糕，她都很认真地研究里面的配方，用什么材料、多少比例、烘焙的步骤。如果做西点蛋糕的师傅在场，她还会很好奇地向对方讨教、研究成功的关键技巧。

朋友笑着对她说："你变了。从前是说：'没什么！'现在是问：'有什么？'"

"没错，其实每件事情一定都'有什么'，差别只在于你有没有观察到它'有什么'而已。"

关于很多专业的技能，的确是"外行看热闹，内行看门道"。

当我们自身专业素养还不够的时候，缺乏足够的判断力及鉴赏力，很容易错过其中精华的部分，甚至因此而误以为它没什么学问，不屑一顾。反观那些已经具备专业知识的人，才看得懂其中的所以然，态度反而谦卑许多。

西谚说："无知，令人骄傲；学习，才懂谦卑。"道理就是如此吧。

有一句话说："文人相轻，自古皆然。"但是，只要细心观察文人，你会发现：愈是尊重别人"有什么"的人，作品的生命力与持续力都很丰富。他们在创作方面的成就十分杰出，同时也拥有圆融的人际关系。反观，经常批评别人"没什么"的人，常碰到肠枯思竭的瓶颈，人缘也比较差。

有一位写小说的作者，在朋友的书架上看到一本典藏的诗集，随手翻阅之后，大叹："时不我与！"

他继续大发牢骚："你看，这样随便短短地写几句话、几行字，就可以出诗集，还被你供在书架上典藏。我们这种小说，写了几万字，还没人爱看。真是不公平。"

"你可以换个角度来想嘛，写诗也很不容易啊，人家是把几万字要表达的感情，精雕细琢地浓缩成几句话、几行字。而且，他们一定也有成功的地方，譬如：用字遣词、音律铺排、意境营造……应该都有可以参考之处吧。"

当场，他没有再说话，悻悻然而去。过了几个月，他的小说作品中，也通过小说中人物的安排，出现新诗在其中。看来他应该已经开始尝试用另外一种角度想事情了。

尽管，我们都懂得"和自己赛跑，不要和别人比较"的生活态度是比较健康的，但是，如果我们愿意放下身段，观摩别人表现杰出的地方，从对方的表现看出成功的端倪，收获最多的，其实还是自己。

这种心态，并非想和对方一较高下，而是向对方虚心学习。这个对象不管是谁，只要你愿意仔细观察，一定可以看见别人成功的端倪。

没必要隐藏你的缺陷，那也是你的特点

有一个女孩，她自小的梦想是成为一位歌唱家，可是她长得并不好看。她的嘴很大，牙齿很暴露，每一次公开演唱的时候——在新泽西州的一家夜总会里——她都想把上嘴唇拉下来盖住她的牙齿。她想要表演得"很美"，结果呢？她使自己大出洋相，总也逃脱不了失败的命运。

可是，在那家夜总会里听这个女孩子唱歌的一个人，认为她很有天分。"我跟你说，"他很直率地说，"我一直在看你表演，我知道你想掩藏的是什么，你觉得你的牙长得很难看。"这个女孩子非常窘，可是那个男的继续说道："这是怎么回事？难道说长了暴牙就罪大恶极吗？不要去遮掩，张开你的嘴，观众欣赏的是你的歌声。再说，那些你想遮起来的牙齿，说不定还会带给你好运呢。"

她接受了他的忠告，没有再去注意牙齿。从那时候开始，她只想到她的观众，她张大了嘴巴，热情而高兴地唱着。后来，她成为电影界和广播界的一流红星，她的名字叫凯丝·达莉。

每个人都不可能完美无缺，只有从内心接受自己，喜欢自己，坦然地展示真实的自己，才能拥有成功快乐的人生。

在这个世界上，你是自己最要好的朋友，你也可以成为自己最大的敌人。在悲喜两极之间的抉择中，唯有根植于积极的乐土，你的自信才能在不偏不

倚的自爱中获得对人对己的宽宏，达到明辨是非的准确。学会从内心中善待自己，你会觉得阳光、鲜花、美景总是离你很近。你平和的心境是滋养自己的优良沃土。

在纽约的北郊住着一个名叫艾米丽的女孩，她整日自怨自艾，认定自己的理想永远实现不了，她的理想也是每一位妙龄女郎的理想：和一位潇洒的白马王子结婚，白头偕老。艾米丽总以为别人都有这种幸福，自己会永远被幸福拒之于千里之外。

一个雨天的下午，不幸的艾米丽去找一位有名的心理学家，因为据说他能解除所有人的痛苦。她被让进了心理学家的办公室，握手的时候，她冰凉的手让心理学家的心都颤抖了。

他打量着这个忧郁的女孩，她的眼神呆滞而绝望，讲话的声音像是来自于墓地。她的整个身心都好像在对心理学家哭泣着："我已经没有指望了！我是世界上最不幸的女人！"

心理学家请艾米丽坐下，跟她谈话，心里渐渐有了底。最后对她说："艾米丽，我会有办法的，但你得按我说的去做。"他要艾米丽去买一套新衣服，再去修整一下自己的头发，他要艾米丽打扮得漂漂亮亮的，对她说星期二他家有个晚会，他要请她来参加。

艾米丽还是一脸闷闷不乐，她对心理学家说："就是参加晚会我也不会快乐。谁需要我，我能做什么呢？"心理学家告诉她："你要做的事很简单，你的任务就是助我照顾一下客人，代表我欢迎他们，向他们致以最亲切的问候。"

星期二这天，艾米丽衣衫合适、发式得体地来到了晚会上。她按照心理学家的吩咐尽职尽责，一会儿和客人打招呼，一会儿帮客人端饮料，一会儿给客人开窗户，她在客人间穿梭不息，来回奔走，始终在帮助别人，完全忘记了自己。她眼神活泼，笑容可掬，成了晚会上的一道彩虹。散会时，同时有三位男士自告奋勇地要送她回家。

一个星期又一个星期，一个月又一个月，这三位男士热烈地追求着艾米丽。

艾米丽终于选中了其中的一位，让他给自己戴上了订婚戒指。不久，在婚礼上，有人对这位心理学家说："你创造了奇迹。""不，"心理学家说，"是她自己为自己创造了奇迹。人不能总想着自己、怜惜自己，而应该想着别人，体恤别人，艾米丽懂得了这个道理，所以变了。所有的女人都能拥有这个奇迹，只要你想，你就能让自己变得美丽。"

这就是关于"我"的故事，一份神奇的美丽。喜欢自己，因为你是你今生的唯一；善待自己，你将获得对自己的认同和理解；爱自己，为使自己能更好地给予他人；否定自己，你将拥有一个更真实的自己；丢掉自己，你将丢掉自己的私欲；激励自己，你将获得一份神奇的美丽。

再美的玉石，都是有瑕疵的

在我们的生活中，不少人都希望自己可以做一个完美的人，对于自己的一些缺陷或者不足之处抱着一种难以忍受的态度，并因此而苛责自己，怀疑自己。可是，要知道，这个世界上再美的玉石，都是有瑕疵的。人也一样，有不足之处，是可以原谅的，并不可怕。相反，要是时时刻刻追求绝对的完美，才是可怕的。

有这样一个寓言故事：

在古时候，有户人家有两个儿子。当两兄弟都成年以后，他们的父亲把他们叫到面前说："在群山深处有绝世美玉，你们都成年了，应该做探险家，去寻求那绝世之宝，找不到就不要回来。"

两兄弟次日就离家出发去了山中。

大哥是一个注重实际不好高骛远的人，不论他发现的是一块有残缺的玉，或是一块成色一般的玉，甚至是些奇异的石头，他都统统装进行囊。过了几年，到了他和弟弟约定的会合回家的时间。此时他的行囊已经满满的了，尽管没有父亲所说的绝世完美之玉，但在他看来，这些造型各异、成色不等的玉石足以令父亲满意了。

后来弟弟来了，两手空空，一无所得。弟弟说："你这些东西都不过是一般的珍宝，不是父亲要我们找的绝世珍品，拿回去父亲也不会满意的。"

弟弟又说："我不回去，父亲说过，找不到绝世珍宝就不能回家，我要继续去更远更险的山中探寻，我一定要找到绝世美玉。"

哥哥带着他的那些东西回到了家中。父亲说，你可以开一个玉石馆或一个奇石馆，那些玉石稍一加工，都是稀世之品，那些奇石也是一笔巨大的财富。

短短几年，哥哥的玉石馆已经享誉八方，他寻找的玉石中，有一块经过加工成为不可多得的美玉，被国王御用做了传国玉玺，哥哥也因此成了倾城之富。

在哥哥回来的时候，父亲听了他介绍弟弟探宝的经历后说："你弟弟不会回来了，他是一个不合格的探险家，他如果幸运，能中途有所悟，明白至美是不存在的这个道理，是他的福气。如果他不能早悟，便只能以付出一生为代价了。"

很多年以后，父亲的生命已经奄奄一息。哥哥对父亲说要派人去寻找弟弟。

父亲说："不要去找，如果经过了这么长的时间和挫折都不能顿悟，这样的人即便回来又能做成什么事情呢？世间没有纯美的玉，没有完善的人，没有绝对的事物，为追求这种东西而耗费生命的人，何其愚蠢啊！"

追求事物的完美是每个人的特性。然而，世界上根本就不存在任何一个完美的事物。一味地追求完美只能让你错过更多本已精彩的画面，还会在追寻完美的过程中迷失自己。

这个世界上没有一无是处的人

生活中，我们常常会陷入一种绝望的情绪中而不能自拔。自我否定的悲观情绪，可谓进取之路上的一大障碍。

大凡面子心理极强的人，都容易因为某些方面存在的缺失而自怜自艾。其实，这种想法大可不必有。

法国文豪大仲马在成名前，穷困潦倒。有一次，他跑到巴黎去拜访他父亲的一位朋友，请他帮忙找个工作。

他父亲的朋友问他："你能做什么？"

"没有什么了不得的本事，老伯。"

"数学精通吗？"

"不行。"

"你懂得物理吗？或者历史？"

"什么都不知道，老伯。"

"会计呢？法律如何？"

大仲马满脸通红，第一次知道自己太不行了，便说："我真惭愧，现在我一定要努力补救我的这些不行。我相信不久之后，我一定会给老伯一个满意的答复。"

他父亲的朋友对他说："可是，你要生活啊！将你的住处留在这张纸上吧。"大仲马无可奈何地写下了他的住址。他父亲的朋友叫着说："你终究有一样长处，你的名字写得很好呀！"

你看，大仲马在成名前，也曾有过认为自己一无是处的时候。然而，他父亲的朋友，却发现了他的一个看似并不是什么优点的优点——把名字写得很好。

把名字写得好，也许你对此不屑一顾：这算什么！然而，不管这个优点有多么"小"，但它毕竟是个优点。你便以此为基地，扩大你的优点范围。名字能写好，字也就能写好；字能写好，文章为什么就不能写好？

　　我们每一个人，特别是不自信的人，切不可把优点的标准定得太高，而对自身的优点视而不见。你不要死盯着自己学习不好、没钱、相貌不佳等不足的一面，你还应看到自己身体好、会唱歌、字写得好等不被外人和自己发现或承认的优点。

　　你不会"一无是处"，在这个世界上，每个人都潜藏着独特的天赋，这种天赋就像金矿一样埋藏在我们平淡无奇的生命中。那些总在羡慕别人而认为自己一无是处的人，是永远也挖掘不到自身的金矿的。

　　还有一些人，因为追求完美而苛责自己，在这种苛责中充满了对自己的怀疑。我们都知道没有完美的人，却又要追求完美。完美主义已经深深地渗入了我们的血液。对于自己的缺陷不要耿耿于怀，要敢于直面不完善的自我。

　　有这样一个寓言故事：

　　一位挑水夫，有两个水桶，分别吊在扁担的两头，其中一个桶有裂缝，另一个则完好无缺。在每趟长途挑运之后，完好无缺的桶总是能将满满一桶水从溪边送到主人家中，但是有裂缝的桶到达主人家时却只剩下半桶水了。

　　两年来，挑水夫就这样每天挑一桶半的水到主人家。当然，好桶对自己能够送满整桶水感到很自豪。破桶呢？对于自己的缺陷则非常羞愧，它为只能负起责任的一半感到很难过。

　　饱尝了两年失败的苦楚，破桶终于忍不住了，在小溪旁对挑水夫说："我很惭愧，必须向你道歉。""为什么呢？"挑水夫问道，"你为什么觉得惭愧？""过去两年，因为水从我这边一路地漏，我只能送半桶水到你主人家，我的缺陷使你做了全部的工作却只收到一半的成果。"破桶说。挑水夫替破桶感到难过，他充满爱心地说："在我们回主人家的路上，你要留意路旁盛开的花朵。"

　　果真，他们走在山坡上，破桶眼前一亮，看到缤纷的花朵开满路的一旁，沐浴在温暖的阳光下，这景象使他开心了很多！但是，走到小路的尽头，他又难受了，因为一半的水又在路上漏掉了！破桶再次向挑水夫道歉。挑水夫温和地说："你有没有注意到小路两旁，只有你的那一边有花，好桶的那一边却没有开花呢？我明白你有缺陷，因此我善加利用，在你那边的路旁撒了花种，每回我从溪边回来，你就替我一路浇了花！两年来，这些美丽的花朵装饰了主人的餐桌。如果你不是这个样子，主人的桌上也没有这么好看的花朵了！"

没有一无是处的人，也没有完美的人，我们要学会容纳自己的不完美，实事求是地看待自己，找出自己的优点，利用自己的缺点，从自身条件不足和所处的不利环境的局限中解脱出来，努力去做自己想做的事。

从表面进行判断难免受骗

真正的珠玑在历经岁月的尘封之后依然会散发出夺目的光彩，具有深厚内涵和价值的事物，即使没有华丽的外表作为衬托，也能发出耀眼的光芒。

14岁那年，卡尔搭便车离开得克萨斯的休斯敦。卡尔在追寻着他的梦想，头顶艳阳，到处漂泊，置身于江湖风波的浪尖，先到加利福尼亚州，后又来到夏威夷。

快到爱坡索地区的时候，卡尔在街道拐角碰到一个老头，是个讨饭的。他看卡尔行色匆匆，就叫卡尔停下来。他问卡尔是不是从家里偷跑出来的，卡尔告诉他说根本不是的，因为是爸爸开车把卡尔送到休斯敦的高速公路上，爸爸还为卡尔祈祷说："儿子，追逐你的梦想和憧憬非常重要。"

那个乞丐说要为卡尔买杯咖啡，卡尔说："不，先生，我想来点苏打水。"他们走到拐角处的啤酒店，坐在一对转椅上，喝着饮料聊了几分钟之后，这个友善的乞丐要卡尔跟着他，他说有重要的东西要给卡尔看并与卡尔一同分享。

他们穿过几个街区来到爱坡索市立图书馆。

老乞丐先把卡尔领到一个座椅旁，让卡尔稍等片刻，他要在书架上找到那些特别的东西。不多一会儿，他怀里抱着几本旧书回来了。他把旧书放在桌上，在卡尔身边坐下来开始发话。起头的几句意义非凡的话改变了卡尔的生活。他说道："我要教你两件事，小伙子，它们是：第一，切记不要从封面判断一本书的好坏，因为封面会蒙骗人。"

他接着说："我敢打赌你认为我是个叫花子，是不是，小伙子？"

卡尔说："是的，我猜你是的，先生。"

"小伙子，我想你会大吃一惊的，我是世界上最有钱的人。人们想要的东西我都有。但一年前，我的妻子死了，自那以后我开始沉思反省生活的意义。我认识到生活中的许多东西我都还没有体验过，比如做一个沿街乞讨的叫花子。我于是放弃了荣华富贵，选择做一年叫花子。所以，不要以貌取人，那会受骗的。

"第二是学会如何读书，小伙子。因为只有一种东西别人无法从你身上拿去，那就是智慧。"

说到这儿，他伸出手握住卡尔的右手，把刚从书架上抽出来的书放在卡尔的手上。那是柏拉图和亚里士多德的著作——从古到今的不朽经典。

一个人最重要的是他的内心

在待人接物的过程中，我们不必太在乎他人的外在。其实，一个人最重要的是他的内心。

闹钟响了，又是一个星期天的早晨。布朗本来可以好好睡个懒觉，但是有一种强烈的罪恶感驱使他起身去教堂做礼拜。

布朗洗漱完毕，收拾整齐，匆匆忙忙地赶往教堂。

礼拜刚刚开始，布朗在一个靠边的位子上悄悄坐下。牧师开始祈祷了，布朗刚要低头闭上眼睛，却看到邻座先生的鞋子轻轻碰了一下他的鞋子，布朗轻轻地叹了口气。

布朗想：邻座的先生那边有足够的空间，为什么我们的鞋子要碰在一起呢？这让他感到不安，但邻座的先生似乎一点儿也没有感觉到。

祈祷开始了："我们的父……"牧师刚开了头。布朗忍不住又想：这个人真不自觉，鞋子又脏又旧，鞋帮上还有一个破洞。

牧师在继续祈祷着，"谢谢你的祝福！"邻座的先生悄悄地说了一声，"阿门！"布朗尽力想集中心思祷告，但思绪忍不住又回到了那双鞋子上。他想：难道我们上教堂时不应该以最好的面貌出现吗？他扫了一眼地板上邻座先生的鞋子想，邻座的这位先生肯定不是这样。

祷告结束了，唱起了赞美诗，邻座的先生很自豪地高声歌唱，还情不自禁地高举双手。布朗想，主在天上肯定能听到他的声音。奉献时，布朗郑重地往捐款箱里放进了自己的支票。邻座先生把手伸到口袋里，摸了半天才摸出几枚硬币，"叮嘟嘟"放进了盘子里。

牧师的祷告词深深地触动着布朗，邻座先生显然也同样被感动了，因为布朗看见泪水从他的脸上流了下来。

礼拜结束后，大家像平常一样欢迎新朋友，以让他们感到温暖。布朗心里有一种要认识邻座先生的冲动，他转过身子握住了邻座先生的手。

邻座的先生是一个上了年纪的黑人，头发很乱，但布朗还是谢谢他来到教堂。邻座的先生激动得热泪盈眶，咧开嘴笑着说："我叫查理，很高兴认识你，我的朋友。"

邻座的先生擦擦眼睛继续说道："我来这里已经有几个月了，你是第一个和我打招呼的人。我知道，我看起来与别人格格不入，但我总是尽量以最好的形象出现在这里。星期天一大早我就起来了，先是擦干净鞋子、打上油，然后走了很远的路，等我到这里的时候鞋子已经又脏又破了。"布朗忍不住一阵心酸，强忍下了眼泪。

邻座的先生接着又向布朗道歉说："我坐得离你太近了。当你到这里时，我知道我应该先看你一眼，再问候你一句。但是我想，当我们的鞋子相碰时，也许我们就可以心灵相通了。"

布朗一时觉得再说什么都显得苍白无力，就静了一会儿才说："是的，你的鞋子触动了我的心。在一定程度上，你也使我知道，一个人最重要的是他的内心，不是外表。"

还有一半话布朗没有说出来，这位老黑人是怎么也不会想到的。布朗从心底深深地感激他那双又脏又旧的鞋子，是它们深深触动了自己的灵魂。

缺憾不该成为自卑的借口

在这个世界上，每个人都不是十全十美的，有时候过于苛求自己，是一种不明智的做法。特别是过于在乎面子的人，因为自己存在着一些缺憾，便滋生出烦恼和自卑，是非常不值得的。

有个小女孩的事情有点好笑，但它给了我们一个很大的启示：自卑原来是自找的！

有个女孩儿为了自己耳朵上的一个小眼儿非常自卑，于是便去找心理医生咨询。医生问她眼儿有多大，别人能看出来吗？她说她梳着长发，把耳朵盖上了，眼儿也只是个小眼儿，能穿过耳环，不过不在戴耳环的位置上。

医生又问她："有什么要紧吗？"

"哦，我比别人少了块肉呀，我为此特别苦恼和自卑！"

现实生活中像她这样的人实在是太多了，这种人诉说他们因为某种缺陷或短处而特别自卑。把这些缺陷之处集中起来，几乎无所不包：皮肤黑、汗毛重、嘴巴大、眼睛小、头发黄、胳膊细、脸上长了青春痘、说话有口音、不会吃西餐、家里没有钱……统统都是自卑的理由，而"耳朵上的一个小眼儿"大概是其中之最了。

显然，这其中很大程度上是面子心理在作怪。

当我们把目光从自卑的人身上转到那些自信的人身上时，便会有新的发现：上帝并不是对他们宠爱有加，让他们全都完美无瑕。如果用"耳朵上的小眼儿"这样的尺度去衡量，他们身上的种种缺陷也可怕得很呢。拿破仑的矮小，林肯的丑陋，罗斯福的瘫痪，丘吉尔的臃肿，哪一条不比"耳朵上的小眼儿"更令人痛不欲生？可是他们拥有辉煌的一生！如果说他们都是伟人，我们凡人只能仰视，就让我们再来平视一下周围的同事、朋友，你可以毫不费力地就在那些成大事者身上找出种种缺陷，可是你看他们照样活得坦然自在。自信使他们眉头舒展，腰背挺直，甚至连皮肤都熠熠生光！

世界上没有完美的事物，每个人都不同程度地存在这样或那样的缺憾。有缺憾并不可怕，关键在于如何去对待它。无论遇到什么不公平——不管它是先天的缺陷还是后天的挫折，缺憾都不该成为自卑的借口，我们实在不应陷入面子心理的怪圈之中。

西莉亚天生有一张姣好的面庞，她自幼学习艺术体操，身材匀称灵活。可是很不幸，一次意外事故导致她下肢严重受伤，一条腿留下后遗症——走路有一点瘸。为此，她十分懊丧，甚至不敢上街，因为害怕看见别人注视残腿的目光。作为一种逃避，西莉亚搬到了约克郡乡下。

一天，小镇上一个叫雷诺兹的中学音乐老师领着一个女孩来向她学跳苏格兰舞。在他们诚恳的请求下，西莉亚勉为其难地答应了他们。为了不让他们察觉自己残疾的腿，西莉亚特意提早坐在一把藤椅上。可是那个女孩偏偏天生笨拙，连起码的乐感和节奏感都没有。

当那个女孩再一次跳错时，西莉亚不由自主地站起来给对方示范那个要领——一个带旋转的交叉滑步动作。西莉亚一转身，便敏感地看见那个学生的目光正盯着自己的腿，一副惊讶的神情。她忽然意识到，自己一直刻意掩盖的残疾在刚才的瞬间已暴露无遗。这时，一种自卑让她无端地恼怒起来。她猛地一挥手，做了个停止的手势道："够了，一切到此为止，我不愿再为一只菜鸟浪费时间了。"

那个女孩顿时不知所措，她委屈地看着西莉亚，再看看自己的音乐老师，然后就转身跑掉了。雷诺兹站在一旁，默默地望着西莉亚，他明白西莉亚恼怒的真正原因。过了片刻，他说："你一定奇怪为什么我会选一只'菜鸟'学跳舞。她的确不是班里最聪明、最讨人喜欢的学生，可是直到看到她的作文，我才知道再过两星期她就满 16 岁了，她希望能在今年的感恩节上和自己心仪的男生一起领舞——这对她来说似乎只是个梦想，但我想帮她梦想成真。"

西莉亚有些不知所措了，她满心歉疚，自己口不择言的恶语一定深深地伤害了那个女孩的自尊心。过了两天，西莉亚亲自来到学校，和雷诺兹老师一起等候那个女孩，表示愿意继续教她苏格兰舞。因为有过教训，那个女孩不太自信地吞吞吐吐道："可是，恐怕我、我实在学不好。"西莉亚点头说："当然，如果把你训练成一名专业舞者恐怕不容易，但我保证，你一定会成为一个不错的领舞者。"

这一次，他们就在学校的操场上跳，有不少学生好奇地围观。那个女孩笨手笨脚的舞姿不时招来同学的嘲笑，她满脸通红，不断犯错，每跳一步，都如芒刺在背。西莉亚看在眼里，深深地理解那种无奈的自卑感。她走过去，轻声对那个女孩说："假如一个舞者只盯着自己的脚，就无法享受跳舞的快乐，而且别人也会跟着注意你的脚，发现你的错误。现在你仰起脸，面带微笑地跳完这支舞，别管步伐是不是错。"

说完，西莉亚和那个女孩面对面站好，朝雷诺兹老师示意了一下。悠扬的手风琴音乐响起，他们踏着拍子，愉快起舞。其实那个女孩的步伐还有些错误，而且动作不是很和谐。但意外的效果出现了——那些旁观的学生被她们脸上的微笑所感染，也不再去关注舞蹈细节上的错误。渐渐地，有越来越多的学生情不自禁地加入到舞蹈中。大家尽情地跳啊跳啊，直到太阳下山。那个女孩趁机对西莉亚说："感恩节的晚会你一定要来参加，让雷诺兹老师做你的舞伴，他的舞跳得可好了。"

突如其来的邀请使西莉亚怔了一下，她下意识地看了看自己的腿。而旁边的雷诺兹老师说："如果你是面带微笑地跳舞，就不会有谁注意你的腿。"这不是自己说过的话吗？道理就是这么简单，而以前她自己却想得太过复杂。这时，雷诺兹老师将手风琴拉了一个曼妙的长音，是苏格兰舞曲的开头。他一边演奏一边走近西莉亚，两个年轻人在黄昏的阳光里翩翩起舞。

缺憾应当成为一种促使自己向上的激励机制，而不是一种自卑和自甘沉沦的理由。它也可以说是一种表征，暗示你在它上面应当做一点努力。自信的人，总是为改变自己的命运努力做事，而不会因为考虑面子问题而以自己的缺憾为借口。

第六章 | **撕掉虚伪的面子，**

活出最佳状态

聪明的人认清自己，愚蠢的人伪装自己

有一位老师，常常教导他的学生说：人贵有自知之明，做人就要做一个自知的人。唯有自知，方能知人。有个学生在课堂上提问道："请问老师，您是否知道您自己呢？"

"是呀，我究竟知道我自己吗？"老师想，"嗯，我回去后一定要好好观察、思考、了解一下我自己的个性，我自己的心灵。"

回到家里，老师拿来一面镜子，仔细观察自己的容貌、表情，然后再来分析自己的个性。

首先，他看到了自己亮闪闪的秃顶。"嗯，不错，莎士比亚就有个亮闪闪的秃顶。"他想。

他看到了自己的鹰钩鼻。"嗯，英国大侦探福尔摩斯——世界级的聪明大师就有一个漂亮的鹰钩鼻。"他想。

他看到自己具有一副大长脸。"嗨！大文豪苏轼就有一副大长脸。"他想。

他发现自己个子矮小。"哈哈！鲁迅个子矮小，我也同样矮小。"他想。

他发现自己具有一双大撇趿脚。"呀，卓别林就有一双大撇趿脚！"他想。于是，他终于有了"自知"之明。

"古今中外名人伟人聪明人的特点集于我一身，我是一个不同一般的人，我将前途无量。"第二天，他对他的学生说。

　　呜呼，在面子心理的作怪下如此"自知"，还不如"无知"为妙。

　　尼采曾经说过："聪明的人只要能认识自己，便什么也不会失去。"正确认识自己，才能使自己充满自信，才能使人生的航船不迷失方向。正确认识自己，才能正确确定人生的奋斗目标。只有有了正确的人生目标并充满自信，为之奋斗终生，才能此生无憾，即使不成功，自己也会无怨无悔。

　　纪伯伦在其作品里讲了一只狐狸觅食的故事：狐狸欣赏着自己在晨曦中的身影说："今天我要用一只骆驼做午餐呢！"整个上午，它奔波着，寻找骆驼。但当正午的太阳照在它的头顶时，它再次看了一眼自己的身影，于是说："一只老鼠也就够了。"狐狸之所以犯了两次截然不同的错误，与它选择"晨曦"和"正午的阳光"作为镜子有关。晨曦不负责任地拉长了它的身影，使它错误地认为自己是万兽之王，并且力大无穷，无所不能，而正午的阳光又让它对着自己已缩小了的身影忍不住妄自菲薄。

　　大师笔下的这只狐狸为上述故事中的老师那样的人做出了最好的譬喻。不能很好地认识自己的人，千万别忘记了上帝为我们准备了另外一块镜子，这块镜子就是"反躬自省"四个字，它可以照见落在心灵上的尘埃，提醒我们"时时勤拂拭"，使我们认识真实的自己，避免在面子心理的左右下"歪曲"了原本的外在和内在"镜像"。

宽衣好穿，窄衣易破：保持自我，才能不失本色

　　人存活于世间，能以本色天性面世，不费尽心机，不被那些无所谓的人情客套、礼节规矩或面子所约束，自然真实，怡然自得，保持自己的个性，岂不是乐事？

　　玛莎·朱尔蒂太太从小就特别敏感而腼腆，她的身体一直太胖，而她的一

张脸使她看起来比实际胖得多。玛莎有一个很古板的母亲，她认为把衣服弄得漂亮是一件很愚蠢的事情，她总是对玛莎说："宽衣好穿，窄衣易破。"母亲也总是这样帮玛莎穿衣服。

玛莎从来不和其他孩子一起做室外活动，甚至不上体育课。她非常害羞，觉得自己和其他人都不一样，完全不讨人喜欢。

长大之后，玛莎嫁给一个比她大好几岁的男人，可是她并没有改变。她丈夫一家人都很好，对她充满了信心。玛莎尽最大的努力要像他们一样，可是她做不到。他们为了使玛莎开朗而做的每一件事情，都只会令她更退缩到她的壳里去。玛莎变得紧张不安，躲开了所有的朋友，情形坏到她甚至怕听到门铃响。玛莎知道自己是一个失败者，又怕她的丈夫会发现这一点。所以每次他们出现在公共场合的时候，她假装很开心，结果常常做得太过分，事后，玛莎会为此难过好几天。最后不开心到觉得再活下去也没有什么意义了，想自杀。

有一天，玛莎的婆婆正在谈她怎么教养她的几个孩子，婆婆说："不管事情怎么样，我总会要求他们保持本色。"

"保持本色！"就是这句话！在一刹那间，玛莎才发现自己之所以那么苦恼，就是因为她一直在试着让自己适合于一个并不适合自己的模式。正是婆婆随口说的一句话，改变了玛莎的整个生活。

玛莎后来回忆道："在一夜之间我整个改变了。我开始保持本色。我试着研究我自己的个性、自己的优点，尽我所能地去学色彩和服饰方面的知识，尽量以适合我的方式去穿衣服。主动地去交朋友，我参加了一个社团组织——起先是一个很小的社团——他们让我参加活动，把我吓坏了。可是我每发一次言，就增加一点勇气。今天我所有的快乐，是我从来没有想到可能得到的。在教养我自己的孩子时，我也总是把我从痛苦的经验中所学到的教给他们：'不管事情怎么样，总要保持本色。'"

世界上最可怜、最痛苦、最不幸福的人，莫过于那些迷失自我的人。一个人弃绝了矫饰而成为真正的自己时，他的满足与轻松是无与伦比的。

许多人终生过着化装舞会式的生活，他们戴上各种面具，希望避开他人的责难。他们把真实的自我深锁在面具之后把它当作令自己害怕的黑暗秘密。

有些人终其一生始终隐藏着自己的真实面目，他们脸上所戴的"面具"，使自己远离了真实的生活。弱者往往戴上自尊自强的面具，以掩饰他们容易受伤的弱点。对自己的美貌感到骄傲的女人往往戴上冷漠的面具，以掩饰她渴望受宠的需求。认为自己失败的男子，可能会戴上自夸的面具，令人厌烦地大谈他的成功历史。渴望早点嫁人的女孩子，却偏要假装她从未想到结婚这件事。

这只是我们所戴的众多面具中的少数几个，有时它们能保护你，使你不会受到责难，但它们也会让你和诚实的人隔离。正是为了掩饰自己身上这样或那样的弱点，我们给自己戴上了生活的面具。

用戴面具的形式来掩饰自己的真面目，所承受的痛苦更是令人难以忍受。因为戴上面具后，我们就必须为了这个虚伪的东西而使本不完美的自己力求完美。所以说，为了痛痛快快地享受生活，我们还是应该尽量摘下面具，保持自己纯真的一面。

当贝蒂·福特成为美国第一夫人时，她即以坦白率直闻名，紧追不舍又唯恐天下不乱的新闻记者问到她对各种问题的观点时，她总是直率而坦白地回答。有一次，一个冒失的记者甚至问她和丈夫做爱的次数，当时她竟能从容不迫地回答："尽我所能地多。"另外，她也不想隐瞒有关她早期精神崩溃及服用药物、酒精等有损名誉的过去。

有像福特夫人这种坦诚个性的人，一定能获得真正的友谊。虽然不能保证坦白会使你获得普遍的欢迎——有些保守团体就对福特夫人的观点持反对看法——但你愿意坦白，自然会有人爱你。

教皇保罗八世之所以到处受欢迎，部分原因是他完全不掩饰。他一生都很胖，而且出身于贫苦的农家，但他从不掩饰外貌与出身的缺陷。在他当上教皇后，有一次去拜访罗马的一个大监狱，在祝福那些犯人时，他坦诚地说他这一次到监狱是为了探望他的侄子。很多人认为他是耶稣的化身，因为他除了知道怎样分享别人的苦乐之外，另一个原因就是他坦率真诚。

出丑不丢人，不敢做自己才丢人

人们都想使自己聪明，都怕在众人面前出丑。这似乎是截然对立的两件事，聪明人绝不会出丑，出丑的人必然是笨蛋。然而，实际生活却并非如此。最聪明的人有时简直如一个大傻瓜，他们当众出丑，却若无其事，他们被人耻笑却自得其乐。然而，他们就这样走向了成功。

安娜读书时网球打得不好，所以老是害怕打输，不敢与人对垒，至今她的网球技术仍然很蹩脚。安娜有一个同班同学，她的网球比安娜打得还差，但她不怕被人打下场，越是输越打，后来成了令人羡慕的网球手，成了大学网球队队员。

聪明是令人羡慕的，出丑总使人感到难堪。但聪明是从无数次出丑中练就的，不敢出丑，就很难聪明起来。

那些勇敢地去干他们想干的事的人们是值得赞赏的，即使有时在众人面前出了丑，他们还是洒脱地说："哦，这没什么！"就是这么一类人，他们还没学会反手球和正手球，就勇敢地走上网球场；他们还没学会基本舞步，就走下舞池寻找舞伴；他们甚至没有学会屈膝或控制滑板，就站上了滑道。

伊米莉只会说一点点可怜的法语，她却毅然飞往法国去做一次生意旅行。虽然人们曾告诫她：巴黎人对不会讲法语的人是很看不起的，但她坚持在展览馆、在咖啡店、在爱丽舍宫用法语与每个人交谈。不怕结结巴巴，不怕语塞傻笑、出丑吗？一点也不。因为伊米莉发现，当法国人对她使用的虚拟语气大为震惊之状过去后，许多人都热情地向她伸出手来，为她的"生活之乐"所感染，从她对生活的努力态度中得到极大的乐趣。他们为伊米莉喝彩，为所有有勇气干一切事情而不怕出丑的人欢呼，这类人还包括那些学习对他们来说并不容易的新学问的人。

生活中有些人由于不愿成为初学者，就总是拒绝学习新东西。他们因为害怕"出丑"，宁愿闭塞自己的机会，限制自己的乐趣，禁锢自己的生活。

若要改变一下自己的生活位置总要冒出丑的风险。除非你决心在一个地方、一个水平上"钉死"了。不要担心出丑，否则你就会无所出息，而且更重要的是你同样不会心绪平静、生活舒畅。你会受到囿于静止的生活而又时时渴望变化的愿望的痛苦煎熬。我们也许应该记住这一点，由于我们害怕出丑也许会失去许多生活机会而长久地感到后悔。而且我们也应该记住法国的一句谚语："一个从不出丑的人并不是一个他自己想象的聪明人。"

还有一些人爱面子，害怕出丑，往往为了顾及面子而依附于他人的思想和认知，从而失去独立的判断，处处受制于人。这是一种莫大的悲哀，人生大可不必如此。下面有一个看似较为极端的例子，却能给我们带来很大的启示。

世间曾有一个小丑，他长时间都过着很快乐的生活。但渐渐地有些流言传到了他的耳朵里，说他到处被公认为是个极其愚蠢、非常鄙俗的家伙。小丑窘住了，开始忧郁地想：怎样才能制止那些讨厌的流言呢？

一个突然的想法使他的脑袋瓜开了窍，于是，他一点也不拖延地把他的想法付诸行动。

他在街上碰见了一个熟人，那个熟人夸奖起一位著名的色彩画家。"得了吧！"小丑提高声音说道，"这位色彩画家早已不行啦……您还不知道这个吗？我真没想到您会这样……您是个落伍的人啦！"

熟人感到吃惊，并立刻同意了小丑的说法。

"今天我读完了一本多么好的书啊！"另一个熟人告诉他说。

"得了吧！"小丑提高声音说道，"您怎么不害羞？这本书一点意思也没有，大家已经老早就不看这本书了。您还不知道这个？您是个落伍的人啦！"

于是，这个熟人也感到吃惊，也同意了小丑的说法。

"我的朋友杰克真是个非常好的人啊！"第三个熟人告诉小丑说，"他真是个高尚的人！"

"得了吧！"小丑提高声音说道，"杰克明明是个下流东西。他侵占过所有亲戚的东西，谁还不知道这个呢？您是个落伍的人啦。"

第三个熟人同样感到吃惊，也同意了小丑的说法，并且不再同杰克来往。总之，人们在小丑面前无论赞扬谁和赞扬什么，他都一个劲儿地驳斥。

只是有时候，他还以责备的口气补充说道："您至今还相信权威吗？"

"好一个坏心肠的人！一个好毒辣的家伙！"他的熟人们开始谈论起小丑了，"不过，他的脑袋瓜多么不简单！"

"他的舌头也不简单！"另一些人又补充道，"哦，他简直是个天才！"

最后，一家报纸的出版人，请小丑到那儿去主持一个评论专栏。

于是，小丑开始批判一切事和一切人，一点也没有改变自己的手法和自己趾高气扬的神态。

现在，他——一个曾经大喊大叫反对过权威的人——自己也成了一个权威了，而年轻人正在崇拜他，而且害怕他。

他们可怜的年轻人——该怎么办呢？虽然一般地说，不应该崇拜。可是，在这儿，你试试不再去崇拜吧——你就将是个落伍的人啦！

在胆小和保守的人们中间，小丑们是能很好地生活的。我们为什么不用自己的头脑思索一番，而是愿意让别人的评论左右我们的思想呢？

不懂并不丢人，不懂装懂才是真正的愚蠢

有这样一个寓言故事：

有一只猴子，有一天钻进山上守林人的木屋里，偷了一点儿点心之类的干

粮，临出门还顺手摘下了挂在床头的一管箫。

群猴分享了干粮，坐在火堆边把食物三口两口吃光了，又把那管箫拿出来反复研究，轮番把玩……

谁也不懂这玩意儿是什么东西。

一只小猴子拿过去闻了闻，没有闻出什么增加食欲的香味，皱着眉头，摇了摇头；一只大猴子拿过去对着箫管瞄了瞄，没看出什么隐藏机关的秘密，也跟着摇了摇头；一只老猴子接过来，使劲对着箫管咬了一口，可是这家伙硬邦邦的，一点儿也咬不动……

老猴子发话了："我知道了，人类有一个不良的习惯，那就是喜欢拿一些没有用的东西来当摆设，附庸风雅。可以肯定，这劳什子无疑是人们用来摆设的废物。"

老猴子一锤定音。既然是废物，群猴们除了嘲笑那只偷箫的猴子之外，一致同意将它扔掉算了。

可是那只偷箫的猴子不服气。它拿过箫，朝着火堆拨弄了几下，立即高兴地跳了起来："怎么能说没有用处呢？可以当拨火棍啊！"

经过猴子拨弄的火堆又燃起了旺盛的火苗。

这时，旁边一只大猴子接过箫，看了看说："你也笨到家了，这东西中间是空的，还可以做吹火筒呢！"说罢它鼓起腮帮子连吹了几下，箫管发出了莫名其妙的声响，而这一吹，火堆里的火苗真的又旺盛起来了。

于是，众猴子接过箫，当作吹火筒，轮番吹了起来。大家兴高采烈，轮番把玩，其乐融融。

老猴子最后把箫接过来，下了结论："我们猴子真是聪明绝顶，人们拿来当摆设的东西，我们竟然能想到拿来当拨火棍和吹火筒，真是不简单！听说人类有个进化论，说人类是从猴子进化来的。错！应该说，猴子是从人类进化来的。不然，我们怎么会比人类聪明呢？"

这群猴子不知道箫的用处，却在那里自作聪明，把箫当作拨火棍和吹火筒，甚至认为猴子比人聪明。这个故事告诉我们，不懂就是不懂，千万不要装懂。

很多人不懂装懂，但绝大多数人是自以为懂，所以这些人才在说话或做事时处处抢先，想出尽风头却丢尽了脸。其实，说到底，不懂装懂，也不过是因为爱面子，是虚荣心在作怪，就像下面这个故事国的农夫一样：

从前有个农夫，性情十分迂腐，又非常爱慕虚荣。

他家里养着两只鹤，只要有客人来家中，他总是故弄玄虚地对客人说："我家养了两只鹤，这不是一般的鹤，它们是真正的仙鹤！普通的鹤都是卵生的，我养的仙鹤可是胎生的。"

这一天，农夫家又来了几位客人，他把客人请进屋，一坐下便夸起他那两只"胎生"的仙鹤来。

农夫话还未说完，一位仆人从后院跑进来报告说："先生，咱家的鹤昨晚生了一个好大的蛋，有鸭梨一般大小呢！"

农夫听完，立刻羞得脸色通红，他觉得十分难堪。他斜着眼偷偷瞟了客人一下，即刻对仆人大声呵斥道："大胆的奴才，竟敢诽谤我的仙鹤！仙鹤怎么会生蛋呢？简直胡说八道！"

仆人只好没趣地走开了。几个客人站起身说："老兄，难得您家养着仙鹤，让我们去看看，开开眼界吧。"

无奈，既然客人开口了，农夫只好带着客人一同到后院去观看仙鹤。

他们来到后院，只见其中一只仙鹤正将后腿张开，身体蹲坐在地上，显然是要生蛋了。

客人们想叫仙鹤站起来，便用拐杖去吓它。不料，那鹤刚站起身来，地上又多了一枚鸭梨大的鹤蛋。

农夫的脸涨得通红，支支吾吾地自我解嘲说："唉！没想到这仙鹤也会沦落成凡鸟。"

爱慕虚荣的人总想故弄一些玄虚来引起别人对自己的关注。然而，当幻境被打破，谎言被拆穿时，虚荣的人终究会因不能自圆其说而把自己搞得狼狈不堪。

别为面子淡忘美好的东西

朋友风尘仆仆地从山野归来，收获了颇为厚重的美术作品。在那间狭窄的画室里，她兴奋地请理查德来鉴赏。理查德的脑海中没有任何专业的鉴赏概念，只是对画上的各色人物产生了兴趣，似乎早已忘记了主人让他看画是为了证明她画技的高超。

理查德的安静与专注令朋友感到安慰，她把一杯香茶递给他，说："我正在为一个重要的画展准备作品，你以一个参观者的身份，从中为我挑出一张好吗？"

理查德随口应着，眼睛却盯住了一幅命名为"父亲"的画。那是一位面目苍凉的老人，孤寂地坐在老树下，双眸黯然，似乎透出了一种沉重与无奈。"这是？"朋友扫了一眼说："那是我的爸爸。3 年前老人来看我时随便画的，不好意思。唉，你还是多看看我的新作吧。"话音刚落，她便顺手抽走了"父亲"，扔入了被她否定的一堆画纸中。

理查德的心中悸动了一下，为了那位画中的父亲。因为朋友曾向他讲述过自己的身世，她幼年丧母，父亲含辛茹苦地供她读书上大学，决心帮她实现当一名画家的人生梦想。可如今小有成就的她，就这样把"父亲"随意地遗忘了。

在理查德告辞之际，朋友执意要他拿点意见，她说她相信他的感觉。理查德从那堆画中挑出了"父亲"，真诚坦白地告诉她："我选这张，因为他是父亲，你是以一个女儿最淳朴的心来作画的，而不是以一个画家的身份。"

三个月后，理查德接到了朋友的赠票。在那个宽敞而静穆的展厅中，他看到了"父亲"。不远处，朋友搀扶着她的父亲向他走来，她说："我把我爸从老家接来一起住了，趁机再多给老人画几幅像。"她的父亲慈爱地望着出息的女儿，眼中闪现出希望的亮色。

理查德一直记着朋友走出展厅后说的一番话。她说自己这些年太投入事业，过多地追求那些面子上的事物，变得过于急功近利了，为了在激烈的竞争中立于不败之地，竟然淡忘了许多美好的东西。"我的灵魂一度隐藏在了冬季，是你帮我找回了灵魂的春天，谢谢你。"

理查德说："不要感谢我，我们都应该感谢'父亲'。"

弗兰西斯·霍勒是沙特王宫的一名外籍家庭教师，主要任务是陪七位小公主阅读英文童话，每年的收入是英国首相布莱尔的 40 倍。不过，她被解聘了。在重返剑桥读书的那天，有 200 多名记者云集在圣凯瑟琳学院门口打探内幕，鉴于有协议在先，她回避了所有的提问。

一位陪同小公主阅读童话的人到底出了什么差错？人们有很多猜测。法国的一家报纸说，是因为弗兰西斯与某位王子产生了恋情，在王宫里上演了灰姑娘的故事；德国的一家报纸说，弗兰西斯是被美国安全局买通的一名特工，在传递情报时露了马脚；阿拉伯的一家报纸说，弗兰西斯小姐合同期满，她的离开属于正常解聘……总之，众说纷纭，谁也不知道哪一条是弗兰西斯被解聘的真正原因。

2001 年圣诞节，一封来自沙特公主的电子邮件透露了实情。这封邮件是向弗兰西斯问候圣诞快乐的。在邮件中，小公主回忆了和弗兰西斯共同度过的快乐时光。她说，你还记得我们一起读《安徒生童话》时问你的问题吗？我们傻乎乎的，真是愚蠢至极，以至于造成今日的离别。

原来公主们在读童话时，问了弗兰西斯这么一个问题："谁的妻子最快乐？"

当时弗兰西斯反问了她们："你们认为呢？"

七位小公主齐声回答："农夫的妻子最快乐！"

"难道国王的妻子、百万富翁的妻子、政治家的妻子、诗人的妻子不快乐吗？"弗兰西斯问。

"不快乐。"七个小公主回答。

"为什么？"弗兰西斯接着问。七个小公主答不上来，她们只知道，在童话故事里，没有一个国王的妻子是快乐的，也没有一个百万富翁的妻子是快乐的。

后来，弗兰西斯给她们讲了其中的原因，并告诉她们：在这个世界上，只有真正快乐的男人，才能带给女人真正的快乐。谁知这句话被人告密，第二天她就接到了解除聘用的通知。

2001 年末，美国《纽约时报》财经版评选"十大金句"，弗兰西斯的那句话破天荒地被选了进去。因为那句话，她失去了 100 万英镑。

在生活中，真正的快乐和地位是没有关系的。追逐名利、陷身于繁杂的事务当中，即使地位显赫，也很难得到真正的快乐。

别胡思乱想，你做得其实并不坏

莫尼卡·狄更斯二十几岁时虽然已是有作品出版的作家，可是仍然举止笨拙，常感自卑。她有点胖，不过并不算肥，但那已足以使她觉得衣服穿在别人身上总是比较好看。她在赴宴会之前要打扮好几小时，可是一走进宴会厅就会感到自己一团糟，总觉得人人都在对她品头论足，在心里耻笑她。

有个晚上，莫尼卡忐忑不安地去赴一个不大认识的人的宴会，在门外碰见另一位年轻女士。

"你也是要进去的吗？"

"大概是吧，"她扮了个鬼脸，"我一直在附近徘徊，想鼓起勇气进去，可是我很害怕。我总是这样子的。"

为什么？莫尼卡在灯光照映的门阶上看看她，觉得她很好看，比自己好得多。"我也害怕得很！"莫尼卡坦言，她们都笑了，不再那么紧张。她们走向前面人声嘈杂、情况不可预知的地方，莫尼卡的保护心理油然而生。

"你没事吧？"她悄悄地问道。这是她生平第一次心不在自己而在另一个人身上。这对她自己也有帮助，她们开始和别人谈话，莫尼卡开始觉得自己是这群人中的一员，不再是个局外人。

穿上大衣回家时，莫尼卡和她的新朋友谈起各自的感受。

"觉得怎么样？"

"我觉得比先前好。"莫尼卡说。

"我也如此，因为我们并不孤独。"

莫尼卡想：这句话说得真对！我以前觉得孤立，认为世界其余的人都自信十足，可是如今遇到了一个和我同样自卑的人。迄今为止，我因为被不安全感吞噬了，根本不会去想别的，现在我得到了另一个启示：会不会有很多人看来意兴高昂、谈笑风生，但实际上心中也忐忑不安？

莫尼卡有时投稿的那家本地报馆，有位编辑似乎总是粗鲁无礼，问他问题，他只是用一个字答复，莫尼卡觉得他的目光永远不和自己的目光接触，她总觉得他不喜欢自己。现在，莫尼卡怀疑会不会是他怕自己不喜欢他？

第二天去报馆时，莫尼卡深吸一口气，对那位编辑说："你好，安德森先生，见到你真高兴！"

莫尼卡微笑抬头。以前，她习惯一面把稿子丢在他桌上，一面低声说道："我想你不会喜欢它。"这一次莫尼卡改口道："我真希望你喜欢这篇稿子，大家都写得不好的时候，你的工作一定非常吃力。"

"的确吃力。"那位编辑叹了口气。莫尼卡没有像往常那样匆匆离去，她坐了下来，他们互相看看。莫尼卡发现他不是个咄咄逼人的特别编辑，而是个头发半秃、其貌不扬、头大肩窄的男人，办公桌上摆着他妻儿的照片。莫尼卡问起他们，那位编辑露出了微笑，严峻而带点悲伤的嘴变得柔和起来。莫尼卡感到他们二人都觉得自在了。

后来，莫尼卡的写作生涯因战争而中断。她去接受护士专业训练，再次因感觉到医院里的人个个称职唯自己不然而心中生畏，她觉得自己手脚笨拙，学得慢，穿上护士服看起来仍全无是处，引来许多病人抱怨。"她怎么会到这儿来的？"莫尼卡猜他们一定会这样想。

工作繁忙加上疲劳，使莫尼卡不再胡思乱想，也不再继续发胖。她开始感觉到与大家打成一片的喜悦，她是团队的一分子，大家需要她。她看到别人忍受痛苦，遭遇不幸，觉得他们的生命比自己的还重要。

"你做得不坏。"护士长有一天对莫尼卡说。莫尼卡暗喜：她原来在称赞我！他们认为我一切没问题。莫尼卡忽然惊觉几星期来根本没有时间为自己是否称职而发愁担忧。

不要过分关心别人的想法。你过分关心别人的想法时，你太小心翼翼地想取悦别人时，你对于别人真正是假想的不欢迎过分敏感时，你就会有过度的否定反馈、压抑以及不良的表现。最重要的是，看看自己能够做些什么有意义的事情。

得之我笑，不得之我也笑

曾有这么一位人力三轮车师傅，50多岁，相貌堂堂。有人问他为什么愿意做这样的活儿，他笑着从车上跳下来，并夸张地走了几步给大家看，哦，原来是跛足，左腿长，右腿短，天生的。

他坦然地笑着说，为了能不走路，踩三轮车便是最好的伪装，这也算是"英雄有用武之地"。不时，他还转过头"告慰"着说："我太太很漂亮,儿子也很帅！"

坐他的车，让人如沐春风。

他说，自己没什么文化，但有好体力，踩三轮车，很环保，也能够养家糊口，一天可以挣百十元。他有"人生三愿"，即吃得下饭，睡得着觉，笑得出来。

他是真的快乐，这让人想起另一位微跛女子。她喜欢跳舞，因为微跛，一些狐步反而跳得更美丽、流畅，所以她成了舞厅皇后。她总结说："我利用了我的不足！"而另一位女子喜欢自助旅行，一路上拍了许多照片，并结集出版。在采访她时，她很认真地说："因为我长得丑，所以很有安全感，如果换成是美女一个人自助旅行，那就很危险了。我得感谢我的丑！"

英国有位作家兼广播主持人，他叫汤姆·克莱恩，事业、爱情皆春风得意，他只有 1.3 米高，但他不自卑，别人只会学"走"，他学会了"跳"，所以，他成功了。他有句豪言："我能够得到任何想要的东西。"

尼采说过一句话："那些无法置人于死的事，只会让人更坚强。"有一次在一个演讲会场，一位男主讲人说，每当遇到挫折时，他所说的第一句话一定是："感谢上帝！"其实他并不信教，他笑着说："我是感谢上天让我又有了更了解自己的机会，哪里会跌跤，也就反映出自己哪里还可以更强壮，一想到可以变得更好，当然要谢天谢地啦！"这真是个自我乐观的精彩演讲，他把挫折看成是认识自我的大好机会，并愿意从中学习，让自己不断进步。

每个人都是自己最好的心理医生，想要多了解自己，就从多观察自己开始吧！任何时候都是观察自己、了解自己、自找快乐的最佳良机。

例如，你平日勤奋工作，主管却提拔了擅长交际的小王，与其大叹岂有此理，不如想想，原来自己的人际关系做得不够好，现在有机会知道这点还挺不错的，总比日后吃更大的亏时再后悔好。

所以在平时请自找乐观，把一切变成进步的动力，如此一来，你就能真正从生活中获益，成功当然就离你不远了。

乐观不会造成伤害，你总是可以待会儿再哭。

有一位教授有句口头禅："事情还不算太糟！"表示目前的状况其实还算

不错。他常碰到这样的情形，研究进行得不顺利，做学生的去求救："怎么办？几个月的心血都毁了！"教授会花两分钟看看手上的报告，然后拍拍学生的肩，笑着说："事情还不算太糟！"接着和学生出去走走，花时间开导开导他，于是第二天，学生们又开心地进研究室继续工作了。

有一次，教授的太太因车祸撞断了一条腿，闻讯后学生们匆匆忙忙赶到医院，没料到教授仍面带微笑地回答："还有一条腿没事儿，事情还不算太糟！"就是他这份积极乐观的态度，使他在任何困境中仍能找到值得庆幸的地方，保持热忱不致绝望，并且进一步将危机变成转机，而他的学生们也学会了这种乐观的特质。

有些人经常感叹：人世间任何事情，都是微不足道的。这种想法是人之常情，但绝对不可以认为这一种悲哀就是代表整个人生，这是绝对错误的想法。我们不能老是悲哀，应该以宽广的胸怀来重新估量天地与自我的关系，人生不过数十寒暑，哭着度过它，或者笑着度过它，完全操之在我。

"亮丑"未必就丢丑

许多人都认为，将自己的缺点暴露在别人面前是一件非常难堪的事，"亮丑"就意味着自己丢了面子，因而竭力隐藏自己不好的地方。其实这样做大可不必，勇敢而坦诚地在别人面前"亮丑"，有时反而会获得意想不到的结果。

《刘伯温兵法》指出：在历代战争中，赢得战争主动权，是军事家最看重的一个环节。一般常规下，我军隐蔽得越深越好，目标越小越好。因为，这样我军就可以后发制人，赢得战争主动权。但是，也有反其道而行之的情况。例如，我军佯装自我暴露，以诱敌深入，这样就可以化被动为主动。这种自我暴露的战术，是兵法中后发制人的战术体现。

使用自我暴露术进行商业促销也是商家常用的一种方法，例如：

其一，饭店老板亮丑一鸣惊人。

美国有一家饭店，一直默默无闻，生意萧条。一次，饭店老板灵机一动，在旅游旺季，在自家门前挂起了一个牌子，赫然几个大字："全国最差的饭店"。这样一来，顾客不仅不讨厌这家饭店，反而纷纷前来吃饭，要见识见识全国最差饭店的食物究竟差到什么程度。一吃饭菜，才知这家饭店做的饭菜无论色、香、味都是一流的。这一下，名声传开了，饭店生意越做越大。

饭店老板之所以将最差饭店的牌子挂起来，无疑是想让人注意到这家饭店。此举确实惊人，但光凭这一举还不够，饭店的素质水平也要高，这样才能保持住饭店的名声，并且使之名声远播。

其二，表店老板亮丑表诚心。

瑞士一家钟表店由于手表大量积压，资金周转不灵，前景堪忧。表店老板心生一计，贴出一张广告：本店现存一批手表，走时不太精确，24 小时慢 24 秒，望君三思而择。广告贴出不久，这家钟表店却门庭若市，生意异常兴隆。积压的手表一销而空，店主眉头上的"锁"也打开了。公开了手表的缺陷反而销出了库存货，这里的关键恐怕还是一个"诚"字吧！"诚"字在经营中如此重要，难怪中国的生意人大都要在自己店铺的门面上挂出"童叟无欺"的牌子。

可见，"亮丑"未必就意味着丢了面子，会招致众人的轻视。相反，如果"亮丑"亮得坦诚，也许会获得意想不到的收获呢。

可以穷困，但是不可以潦倒

小李大学毕业后分到了西部一座小城的居委会。

那年冬天，小李所在的城市划出了最低生活标准线，不上这线的便属贫困户，在年前可以获得一些帮助。

小李与同事们背着大米与菜油等挨户走访这些人家。他们看到了露出棉絮的被褥、看到补了还漏的搪瓷脸盆，那些黑乎乎、灰蒙蒙的贫困家庭状况超出他们的想象。可是当他们循着地址推开了又一户贫困家庭的房门时，当时小李以为，他们一定是走错了人家。

这一家窗明几净，有冰箱，有洗衣机，有漂亮的窗帘和门帘，有立得很整齐的书籍……然而，他们没走错。

这家的男人早几年病逝，欠下了很多钱。两个孩子，有一个带残疾。女人一份薪水养三口人，还要还债，经济状况可想而知。

但女主人的笑容就像她的屋子一样明朗，她说，冰箱洗衣机都是领导淘汰下来送给她家的，用用也蛮好的；孩子懂事，做完功课还帮她干零活……

这时，小李才发现，这个家漂亮的门帘是自己用纸做的，那些书全是孩子每个学期用过的教科书，灶间的调味品只有油和盐两种，但油瓶和盐罐擦得发亮。最让小李惊奇且起敬的是进门时女主人递给他的拖鞋，那鞋底是磨秃了的旧解放鞋的底，齐齐沿圈剪下，再用旧毛线织出带图案的鞋帮，穿着好看又暖和。

他们在这一家总共停了10多分钟，比别的人家稍稍长了些。小李渐渐看出了这一家确实贫困，但他亦渐渐看出了这一家的不贫困，他深信他们不会贫困太久的，这是因为，他们即使贫困如此，也不潦倒。

充分利用已有的一切，享受目前的生活，不做好高骛远的追求，才是生活的真谛！

面子不重要，重要的是自身的形象

我们建议不要生活在面子心理所带来的阴影里，但并不是就可以不注意自身的形象。这样的理解是狭隘而有失偏颇的。

形象是一个人的活名片，是一种重要的社交语言。善于交际的人，都十分注重自己的形象与打扮，而那些对自我形象很随意的人，在和别人的交往中，个人魅力和交际效果会大打折扣。

艾斯蒂·劳达是世界化妆品王国中的皇后，她拥有几十亿美元的化妆品王国，是世界化妆品领域的主要势力。但艾斯蒂出身贫穷，并没有受过多少教育。最初，她以推销叔叔制作的护肤膏起家。为了使自己的产品能够多销售一些，她不得不走街串巷。后来，她决定将产品定位于高档次上。可是，起初她的推销没有什么效果。后来，她终于忍不住问一个拒绝购买产品的客户："请问，您为什么拒绝购买我的产品呢？是我的推销技巧有什么问题吗？"那位女士道："不是技巧有问题，推销要什么技巧？如果我觉得你在展示技巧，我就会将你赶出去。是你这个人不行。你根本就是一个低档次的人，让我怎么相信你的产品就是高档次？"

这位女士的话明显带有对艾斯蒂·劳达轻视甚至污辱的成分，但聪明的劳达却兴奋异常，认为自己找到了问题的关键：那就是产品的高档次，首先在于推销人，也就是自己的高档次。她想，换成自己也会是这样，推销人员本身的档次不高，自己确实也会怀疑产品的品位与档次。于是，她决心对自己的形象进行精心改造、包装。她模仿富贵名门和上层妇女，像她们一样穿着打扮，模仿她们的举止。另外，她还注意培养自己的自信，让整个人看上去魅力四射。慢慢地，越来越多的人买下了她推销的产品。从此，她一发不可收，乃至建立了化妆品王国……

和艾斯蒂·劳达一样，软件英雄比尔·盖茨也越来越注重自己的形象，他曾经请专家对自己的形象进行设计、包装与宣传。尽管人们已熟悉了比尔·盖茨平时随意甚至不修边幅的形象，但在重要的场合和时刻，比尔·盖茨是越来越注意形象了。

有一次，他将要在拉斯维加斯发表演讲。但是，演讲并不是盖茨的长项。为了使自己以更好的形象出场，使自己的演讲产生更大的影响力与传播力，比尔·盖茨专门请来了演讲博士杰里·韦斯曼为自己的演讲做指导。

韦斯曼在演讲辅导方面是一位专家，经验非常丰富，曾经帮助几个电脑公司的高层经理克服对演讲的恐惧感。他从盖茨的演讲词到手势、表情，都做了重新设计，他们在一起排练了 1 个小时。盖茨演讲时，熟悉盖茨的人都非常吃惊。只见盖茨一改往日懒散随意的形象，穿了一套昂贵的黑西服。他那尖锐的嗓音虽然无法改变，但丝毫没有影响他的演讲。结果，这场主题为"信息在你的指尖上"的演讲传遍美国，获得了巨大的成功，而盖茨的形象魅力值也迅速得到提升。

形象是一个人仪表、气质、性格、内心世界的综合反映，但更多的时候，人们没有机会去了解你的内在，只好以外在的形象做出一定的判断。所以，聪明的人，都会在乎仪表、衣着、打扮等起到的作用和效果。

活在今天，珍惜现在的拥有

从前，一个富人和一个穷人谈论什么是快乐。

穷人说："快乐就是现在。"

富人望着穷人的茅舍、破旧的衣着，轻蔑地说，"这怎么能叫快乐呢？我的快乐是百间豪宅、千名奴仆啊！"

有一天，一场大火把富人的百间豪宅烧得片瓦不留，奴仆们各奔东西。一夜之间，富人沦为乞丐。

炎炎七月，汗流浃背的乞丐路过穷人的茅舍，想讨口水喝。穷人端来一大碗清凉的水，问他："你现在认为什么是快乐？"

乞丐眼巴巴地说："快乐就是此时你手中的这碗水。"

大卫·葛雷森说："我相信，现在未能把握的生命是没有把握的；现在未能享受的生命是无法享受的；而现在未能明智地度过的生命是难以过得明智的；因为过去的已去，而无人晓知未来。"

智慧的人多能顿悟人生，看淡尘世的物欲，抵御各种诱惑，舍弃烦恼和痛苦，惜时如金，提高生活的质量，丰富人生的内涵，踏踏实实做些有利于社会的事情，从而流芳百世。愚蠢的人一般是混沌人生，一生只会贪求名利，在烦恼和痛苦中过早地耗尽生命的"灯油"。昨天已是过去，明天还未到来，最重要的还是今天。昨天只是一种记忆，随着时间的流逝，这种记忆会逐渐被淡忘。明天只是一种虚幻，只会增加莫名的痛苦。

如果你是为往事而悔恨、为未来的事情而担忧，那你就是生活在乌托邦之中。这是人的一生中最有害的两种情绪，它不会帮你改变过去与未来，却会使你陷入惰性与悲观的泥潭，失去现在！

我们的眼、手、整个的心灵和身体都生活在现在，也只能生活在现在，为什么要去一遍又一遍地回顾往事、忧虑未来呢？实际上，过去的事情不论多么值得流连或是多么需要悔恨，那只是毫无意义的心理反应。"过去"已经过去了，已经不存在了，而未来尚未到来，也是不存在的。人生就像爬山登高，爬在中途的时候，不必往下看，也不要过多地往上看。因为你不大可能看到顶峰，不大可能看得很远、很清楚，何必要为看不清楚的未来费神费力，分散注意力呢？

有一个国王，常为过去的错误而悔恨，为将来的前途而担忧，整日郁郁寡欢，于是他派大臣四处寻找一个快乐的人，并把这个快乐的人带回王宫。这位大臣四处寻找了好几年，终于有一天，当他走进一个贫穷的村落时，听到一个快乐的人在放声歌唱。循着歌声，他找到了正在田间犁地的农夫。

大臣问农夫："你快乐吗？"农夫回答："我没有一天不快乐。"

大臣喜出望外地把自己的使命和意图告诉了农夫。农夫不禁大笑起来，他又说道："我曾因为没有鞋子而沮丧，直到我有一天在街上遇到了一个没脚的人。"

快乐是什么？快乐就是珍惜你现在拥有的一切。快乐就是如此简单。

有人为低工资而懊恼、忧郁，猛然发现邻居大嫂已经下岗失业，于是马上又暗暗庆幸自己还有一份工作可以做，虽然工资低一些，但起码没有下岗失业，心情转眼就好了起来。每个人总是看重自己的痛苦，而对别人的痛苦往往忽略不计。当自己痛苦不堪的时候，要是能够换一个角度来思考，痛苦的程度就会大大减弱。教你一个快乐的办法：当自己兴高采烈的时候，应多向上比，越比越进步；当自己苦恼郁闷的时候，应多向下比，越比越开心。

人生最可怜的事，不是生与死的诀别，而是当面对自己所拥有的，却不知道它是多么的珍贵。从前有一个流浪汉，不知进取，每天只知道手上拿着一个碗向人乞讨度日，最后终于有一天，人们发现他潦倒而死。

他死后，只剩下了他天天向人要饭的碗，有人看到了这个碗，觉得有些特别，带回家里仔细研究后才发现，原来流浪汉用来向人乞讨的碗，竟是价值连城的古董。

我们应该多注意自己手中所捧的那只碗，不要总是眼高手低，一味地羡慕别人，而忘了自己本身原有的价值。

传统观念和社会环境总是要求人们为将来牺牲现在。按照这种逻辑，采取这种态度生活，那就意味着没有现在，只有未来，不仅要避免目前的享受，而且要永远回避幸福。因为我们所指望的将来的那一天一旦到来，也就成为那时的现在；而在那时的现在又要为那时的将来做准备。如此明日复明日，今天为将来，幸福岂不是永远可望而不可即吗？

当然，寄希望于未来，如果作为学习和工作上的奋斗目标，期望生活改善，事业有成，这并没有错。人应该生活在希望中，以此来促使自己从消沉的情绪中解脱出来，但其实质仍是为了抓住现在的时光去做脚踏实地的努力，而不是回避现实去空想未来多么美好。当那一天真的到来时，却往往是平淡无奇的，不如想象的那么美好。激动一时之后，又会面临新的矛盾和难题。这种把未来理想化的想法是脱离实际的幻感，所以我们应该生活在现在和希望中，而不能生活在对未来的幻想中。如果让未来复未来，可望而不可即的做法成为一种习惯性的循环和固定的生活方式，那就要改变这种病态，打破这种恶性循环，因为它让你放弃了现在。

生命只有一次，每个人在世界上逗留的时间是如此短暂，振作起来，行动起来吧！抓住今天，关闭昨天和明天的大门，珍惜、利用好今天的时光。学会在现在中快乐地生活，该做什么就做什么，一个人就能把可能被毁弃的一天变成有所收益的一天，"现在"永远是行动的时候！

昨天是作废的支票，明天是一张期票，只有今天才是你拥有的现金！我们只有这样做，才算是选择了一种自由的、充实的、愉快的生活。我们每个人都可以做出这样的选择，体现生命的意义和人生效率的原则！

第七章 | **管理好你的情绪，**
别为面子问题闹心

管不好情绪，怎么管好人生

在步入人生低谷时，保持昂扬的情绪状态，会让我们赢得新的起点；在面对一个卑微的处境时，一定要谨防"面子心理"的抬头，切勿因为暂时的不如意而影响自己的发展。

有一位日本少女，非常向往记者的工作。大学毕业后，她去了一家新闻单位。但是，由于没有记者的空缺，经理叫她暂时做一些为同事泡茶的工作。虽然她对这种安排非常失望，不过想到将来有做记者的机会，于是就静下心来，每天为同事泡茶倒茶。

三个月过后，她开始沉不住气了，心里总是抱怨自己这份不喜欢的工作，她泡出来的茶，味道也一天不如一天，但她并未察觉。

有一天，她泡好茶端给经理，经理喝了一口，就大骂起来："这茶是怎么泡的，难喝得要命！亏你还是大学毕业呢，连泡杯茶都不会！"她本来已觉得工作很没面子，受到这样的委屈几乎哭起来。她正准备当场辞职，突然来了位重要访客，必须好好招待。她想，反正要离开了，就好好泡一壶茶吧！于是，她把心里的不愉快暂时抛开，认真地泡好茶，把茶端进去。当她转身刚要离开时，突然听到客人由衷赞地叹道："哇！这茶泡得真好！"那位骂她的经理也喝了一口，情不自禁地夸赞道："这壶茶真的特别好喝！"

她呆住了！突然发现，只是小小的一杯茶而已，竟然造成那么大的差异，或挨骂，或被赞美，截然不同。这茶里显然有很深奥的学问，值得好好研究。从此后，她不但对水温、茶叶、茶量都悉心琢磨，就连同事的喜好、心情，也细心地体会，甚至连自己泡茶时的心理状态会带来的结果也了如指掌。很快，她成了公司里的灵魂人物。几年后，她就被晋升为经理。

故事本身告诉我们，工作本无贵贱，更无高低之分，关键在于你将自己摆在一个什么样的位置。像故事中泡茶这样的小事当中，其实就包含着许多不凡之处，只要我们用心去做，心智会在岁月的砥砺中变得成熟而圆润，就像一杯经过沉淀的茶一样，清新而历久弥香。由此，当我们步入人生的低潮时，应及时调整情绪。唯有护理好自己的情绪，才能真正把握自己，并找到自己的位置。

曾有一位很出色的年轻女孩，向我们叙述了自己的一段历程：

在大学里，我出尽风头，也很高傲。大学毕业后，我到一家外资企业上班。我的工作有点像秘书，但大家都叫我"助理"。

从一个学生领袖到做别人的"助理"，我很难受，特别是老张小李什么的动不动就唤我去打杂时，我就会发无名火，觉得很没面子。我又不是奴才，凭什么指挥我干这个做那个？不过，事后冷静一想，他们并没有错，我的工作就是这些。刚进来时，王经理也这么事先对我说过，但一涉及具体事情，我的情绪就有点失控。有时咬牙切齿地干完某事，又要笑容可掬地向有关人员汇报说："已经做好了！"如此违心的两面派角色，自己都感到恶心。有几次，还与同事争吵起来。从此以后，我的日子更不好过了，他们几乎不理我，我孤傲不成，倒是孤独了。

这天，女秘书小吴不在，王经理便点名叫我到他办公室去整理办公桌，并为他煮一杯咖啡。

我硬着头皮去了。王经理是很厉害的，甚至可以说"老奸巨猾"。他一眼就看出了我的不满，便一针见血地指出："你觉得委屈是不是？你有才华，这点我信，但你必须从这个做起。"

我心里一惊，他竟懂我心！我笑了笑，表示感谢。他还叫我先坐下来，聊聊近况。可是我身旁没有椅子呀！我总不能与他并排在双人沙发上坐下吧！他在开什么玩笑？

这时，王经理意有所指地说："心怀不满的人，永远找不到一把舒适的椅子。"难得见到他如此亲切和慈祥的面孔，我放松了很多。原来，他不像一个"剥削者"，他更像我的一个合作伙伴，只不过，他是长辈，我需要尊重他。

手忙脚乱地弄好一杯咖啡后，我整理他的桌子。其中有一盆黄沙，细细的，柔柔的，泛着一种阳光般的色泽。我觉得奇怪，这干吗用呢？又不种仙人球，这人真怪！

王经理似乎看出了我的心思。伸手抓了一把沙，握拳，黄沙从指缝间滑落，很美！他神秘地一笑："小姑娘，你以为只有你心情不好，有脾气，其实，我跟你一样，但我已学会控制情绪……"

原来，那一盆精致绝伦的沙子，是用来"消气"的。那是他的一位研究心理学的朋友送的，一旦他想发火时，可以抓抓沙子，它会舒缓一个人紧张激动的情绪。朋友的这盆礼物，已伴他从青年走向中年，也教他从一个鲁莽的少年打工仔成长为一名稳重、老练、理性的管理者。王经理说："先学会管理自己的情绪，才会管理好其他。"

我的心一下子爽朗了许多。

生活环境变了，工作状况变了，人的社会角色也会相应地改变，在这种改变中，你是积极地改变自己还是固守过去的面子？人生定位必须考虑环境的影响，而内心的情绪必须与外在的环境相适应。

小心点，狂妄的背后是毁灭

适当地维护面子本无可厚非，正确地把握自我，焕发自信，是值得赞美的。但如果在面子心理作祟下，过分地膨胀个人的某些优势，是不明智的。殊不见，有的人依恃着自己的才能、学识、金钱等，便目空一切，狂妄自大。"狂"其实是不好的、要不得的，做人如果与"狂"相结合，便会失去人的常态，便会产生不文雅的名声。

君不见，人们称狂妄轻薄的少年为"狂童"，称狂妄无知的人为"狂夫"，称举止轻狂的人为"狂徒"，称自高自大的人为"狂人"，称放荡不羁的人为"狂客"，称狂妄放肆的话为"狂言"，称不拘小节的人为"狂生"……

狂妄与无知是联系在一起的，俗话说："鼓空声高，人狂话大。"举凡狂妄的人，都过高地估计自己，过低地估计别人，他们口头上无所不能，评人评事谁也看不起，总是这个不行，那个也不行，只有自己最好。在他们眼里，自己好比一朵花，别人都是豆腐渣，不是吗？

有的人读了几本书，就自以为才高八斗，学富五车，无人可比，现时的文学大家、科学巨匠全都不在话下；有的人学了几套拳脚，自以为武功高强，身怀绝技，到处称雄，颇有打遍天下无敌手的气势。然而，狂妄的结局是自毁，是失败。

《三国演义》里，有一个祢衡，堪称"狂夫"。他第一次见曹操，就把曹营中勇不可当的武将、深谋远虑的谋士，一个个贬得一文不值。他贬低起人来，如数家珍，如"荀彧可使吊丧问疾，荀攸可使看坟守墓，程昱可使关门闭户，郭嘉可使白词念赋，张辽可使击鼓鸣金，许褚可使牧牛放马，乐进可使取状读诏，李典可使传书送檄，吕虔可使磨刀铸剑，满宠可使饮酒食槽，于禁可使负版筑墙，徐晃可使屠猪杀狗；夏侯惇称为'完体将军'，曹子孝呼为'要钱太守'，其余皆是衣架、饭囊、酒桶、肉袋耳"。

祢衡称别人是酒囊饭袋，称自己却是"天文地理，无一不通；三教九流，无所不晓；上可以致君为尧、舜，下可以配德于孔、颜。岂与俗子共论乎！"更有甚者，当曹操录用他为鼓吏时，祢衡击鼓骂曹，扬长而去。对这种人，曹操自然不肯收留。祢衡又去见刘表、黄祖，依然边走边骂，最后被黄祖砍了脑袋，做了个无头狂鬼。

人们常说："天不言自高，地不言自厚。"自己有无本事，本事有多大，别人都看得见，心里都有数，不用自吹，更不能狂妄。没有多少人乐意信赖一个言过其实的人，更没有一个人乐意帮助一个出言不逊的人。所以，无论如何还是谦虚多一点，谨慎多一点。

得意不忘形，失意不失态

《老子》第十三章说："宠辱若惊，贵大患若身。"宠和辱，都是人的惊恐；留下大的灾患，总是人的自身。人们得宠得辱，总是不安，失宠失辱，也总是不安。这是常人难以摆脱的痛苦。做人应着眼于较高的境界，不计宠辱，不计一时面子的得失。在这方面，张瑞敏为我们树立了一个典范。

张瑞敏喜爱读《老子》，读了无数遍，领悟很深刻，收获颇丰。老子谈到宠辱若惊的命题，张瑞敏读后很有感触。他在 1999 年 5 月 4 日应青岛团市委的邀请给青年人写一个网页序语时，写下了这样一句话：得意不忘形，失意不失态。张瑞敏受《老子》的影响之深由此可见一斑。

得意不忘形，失意不失态。这一点，张瑞敏身体力行，做得很到位。

1997 年，美国《家电》杂志公布全世界范围内增长速度最快的家电企业，海尔超过 GE（通用电器公司，General Electric Company，简称 GE）、西门子等世界名牌，名列榜首；1998 年 11 月 30 日，英国《金融时报》报道：在亚太地区声誉最佳的公司评比中，海尔位居第7名，是唯一进入前10名的中国企业；2000年5月19日，美国科尔尼管理顾问公司、《财富》杂志集团等评选"全球最佳营运公司"，海尔是亚太地区企业唯一得主；2001年第2期美国《家电制造商》杂志对全球前10位家电制造商进行了排名，海尔集团名列第9位，排在第1位的是美国惠而浦公司，在这10个家电制造商中，有3家美国公司，2家欧洲公司，4家日本公司，中国公司只有海尔1家；2001年8月6日的《福布斯》杂志根据2000年全球白色家电品牌进行了排名，海尔居第6位。

海尔取得的这些令人瞩目的成就，跟张瑞敏的兢兢业业是分不开的，张瑞敏赢得了世人的尊敬与爱戴。

1998年3月25日，张瑞敏应邀登上哈佛大学讲坛，"海尔文化激活休克鱼"的案例正式写进哈佛大学教材，这是中国企业家第一次登上哈佛讲坛，中国企业以成功的业绩第一次被写入哈佛案例；1999年12月7日，英国《金融时报》公布"全球30位最受尊重的企业家"排名，张瑞敏荣居第26位，这是中国企业家在世界范围内获得的最高美誉；2000年10月7日，张瑞敏在瑞士洛桑国际管理学院演讲"海尔管理创新"再次引起国际管理界的强烈反响，他成为首位登上瑞士国际管理学院讲台的亚洲企业家；2001年7月，张瑞敏成为《福布斯》杂志的封面人物，并且该杂志以《中国走向世界，雄心勃勃的海尔，内地跨国集团推出的国际品牌》的文章向全世界介绍了海尔。

客观地讲，张瑞敏的得意之处并不少，如今已集万千宠爱于一身，张瑞敏得意忘形了吗？没有。正所谓得之若惊。张瑞敏认为，作为一个企业家，必须在修身方面有了相当的成效，然后对社会才能尽到"义、利"之责、发达之道，才能塑造出有责任感的、理想的商人品格。

虽然张瑞敏取得了许多可以让他自鸣得意的成就，但他从不因此而沾沾自喜。1998年9月，在取得了卓越的业绩之后，张瑞敏竟然说："如果有丝毫满足，有丝毫放慢观念的更新步伐，海尔品牌将会在一夜之间被淘汰出局。"

张瑞敏也有失意的时候，但同样失意不失态。让我们想一想，当时张瑞敏刚刚调到亏损 147 万元，在同行业中面临被淘汰命运的青岛电冰箱总厂时，心情是怎样的？

张瑞敏回忆说：

"我 1984 年 12 月去的这个厂。一年之内派去了四位领导，前三位都没能待住。我这第四位也不愿意去，当时我是青岛家电公司副经理，我不去就再没人去了。欢迎我的是 53 份请调报告。上班 8 点钟来，9 点钟就走人，10 点钟时随便往大院里扔一个手榴弹也炸不死人。到厂里就只有一条烂泥路，下雨必须要用绳子把鞋绑起来，不然就被烂泥拖走了。我想，奖金没有，可以弄到；产品没有也可以生产出来；但信心没有，创业就难，做事很难达到第一流。一听说要整顿，厂里人就搬出过去定的一人高的规章制度。我没让他们多定条文，只制定了 13 条，最主要的一条就是：不准在车间随地大小便。这些最基本的没有，其他更是空的。"

其他规定还有"不准迟到早退""不准在工作时间喝酒""车间内不准吸烟，违者一个烟头罚 500 元"。另外一条大家印象深刻的，就是"不准哄抢工厂物资"。这 13 条颁布后有一些效果，车间里大便没有了，但小便还是有的，随手拿公物的现象还是很普遍。张瑞敏就问干部怎样防止，回答是锁起来，可是门能锁，窗户不能锁。张瑞敏就让干部将这 13 条布告贴在车间大门上，并公布了违规后的处理办法，把门窗全部大开着，布置人在周围观察有没有人在去拿东西。没料到第二天上午 10 时就有一人大摇大摆走进车间扛走一箱东西，张瑞敏让干部 12 时就贴出布告开除这个人，给大家留下个印象——新领导是较真儿的。

可是有人说："第四任领导（指张瑞敏）是败家子。"为什么呢？张瑞敏到厂后，经过大量市场调查分析，决定退出洗衣机市场而转产电冰箱，限定一个星期内处理掉过去的积压产品，腾出地方上新产品。厂里原来那些用不上的东西都减价处理给职工，让员工捡便宜，一些员工见状，不免嚷嚷："这小子恐怕还不如前三任，厂里的东西都被他分光了，是个败家子。"

不管当时人们是怎样看待张瑞敏的，但事实是最具说服力的。张瑞敏不仅没把这个家败掉，相反，他把这个家治理得井井有条，更大更辉煌。

心怀嫉妒，不如自我发奋

我们可以适度地利用面子心理的正面作用，激励自己不断地向上奋进，但切不可被"面子"操控，产生一种畸形的竞争心态。日常生活中，最常见的不良表现，莫过于由面子心理滋生出来的嫉妒了。

嫉妒是对别人的行为感到不满的一种思维方式。它产生于自信的缺乏，因为它是由别人引导的活动。嫉妒会导致任何情绪上的低落，约翰·德赖登称之为"灵魂的黄疸"。真正自信自爱的人，并不会嫉妒，更不会允许嫉妒让自己心烦意乱。

大发明家和制作家马克西姆曾说："人们想从别人那儿获得的，不外是两种意见：一是'颂扬'，一是'亲爱'。然而立身行世，要把颂扬抛开，让别人对你亲爱。因为一经颂扬，就有人嫉妒，嫉妒便造成仇恨了。"为了避免这种可怕的嫉妒扰乱人们的正常生活，就要把它加以消除。事实证明，如果人们除去嫉妒心理，就会更容易获得成功。

有一位名叫卡莱尔的书店经理，在无意中发现了一封店员对他极尽辱骂讽刺的信，说他是个差劲的经理，希望副经理能马上接替他的职务。卡莱尔读了这封信以后，就带着信跑到老板的办公室里。他对老板说："我虽然是一个没有才能的经理，但我居然能用到这样的一位副经理，连我雇佣的店员们都认为是胜过我了，我对此感到非常自豪。"卡莱尔一点也没有嫉妒，也没有损害自己的虚荣心，只是为自己用了那样能干的副经理而感到自豪。

后来，他的老板不但没有撤换他，反而更重用他了。

卡莱尔真是一个心胸宽广的人，他对比自己能干的人非但毫不嫉妒，反而大加肯定，为别人感到高兴，这种人的精神着实可嘉。最终他还是得到了老板的信任。

迈克尔·乔丹是闻名世界的篮球明星，他在篮球场上的高超技艺举世公认，而他待人处世方面的品格更为人称道。皮彭是公牛队最有希望超越乔丹的新秀，但乔丹没有把队友当作自己最危险的对手而嫉妒，反而处处加以赞扬、鼓励。

为了使芝加哥公牛队连续夺取冠军，乔丹意识到必须推倒"乔丹偶像"，以证明公牛队不等于"乔丹队"，一人绝对胜不了五个人。一次，乔丹问皮彭："咱俩3分球谁投得好？""你！""不，是你！"乔丹十分肯定。乔丹投3分球的成功率是28.6%，而皮彭是26.4%，但乔丹对别人解释说："皮彭投3分球动作规范。自然，在这方面他很有天赋，以后还会更好，而我投3分球还有许多弱点！"乔丹还告诉皮彭，自己扣篮时多用右手，或习惯用左手帮一下，而皮彭双手都行，用左手更好一些，这一细节连皮彭自己都没有注意到。乔丹把比他小3岁的皮彭视为亲兄弟，"每回看他打得好，我就特别高兴；反之，则很难受。"乔丹的话语中流露着他们之间的情谊。

正是乔丹这种心底无私的慷慨，树立起了全体队员的信心并增强了凝聚力，取得了一场又一场胜利。1991年6月，美国职业篮球联赛的决战中，皮彭独得33分，超越乔丹3分，成为公牛队这个时期的17场比赛得分首次超过乔丹的球员。这是皮彭的胜利，也是乔丹的胜利，更是公牛队的胜利。

嫉妒往往是个人才能与意志缺乏的体现，伏尔泰说："凡缺乏才能和意志的人，最易产生嫉妒。"因为自己技不如人，就只能用嫉妒的心理去排解心中的不平。一旦任嫉妒心理自由发展，你就会疏远那些各方面比自己强的人，到头来不仅孤立了自己，也会阻碍自己前进。

嫉妒心人人都有，它是一种很正常的情感，也是拥有健康心态的证明。看见自己很想做的事，别人可以轻易就完成，因而出现嫉妒的情绪，这纯属正常且不至于造成别人的困扰。如果你只是一味地嫉妒，让人生充斥着不满的情绪，就无法享有快乐的生活。如果将嫉妒的负面情绪转换成正面，那就成了快乐生活的出发点。

住在隔壁的邻居买了一辆奔驰车；和自己同时期进公司的人突然三级跳，成了你的顶头上司；自己的朋友竟然和帅哥或美女谈起了恋爱，有些人就是对这种事会出现嫉妒的情绪。人只会对可以实现的欲望嫉妒，反过来说，那些会让人嫉妒的欲望，只要去努力或许是可以实现的。因此，如果你只是在那里嫉妒却不努力，是不可能拥有金钱、地位和幸福的。试着把嫉妒转换成努力的动力，嫉妒对你的人生而言，绝对会起正面作用。

倘若你已经努力了却仍无法完成你的人生目标，当然也只有放弃这件事，再寻找其他可以让你快乐的事，放弃那些难以舍弃的欲望，或许可以让你成长。

无论如何，嫉妒别人不如自己努力去实现自己生命的价值。毕竟人不能靠嫉妒来推动生命，更不能因为嫉妒而停止前行。

没有卑贱的职业，只有错误的态度

无论你是市政工人、清洁工人，还是从事一些其他别的行业者，都不要看不起自己。如果你认为自己的工作是卑微的、低下的、没有面子的，那你就犯了一个很大的错误。

罗马一位演说家说："所有手工劳动都是卑贱的职业。"从此，罗马的辉煌历史就成了过眼云烟。亚里士多德也曾说过一句让古希腊人蒙羞的话："一个城市要想管理得好，就不该让工匠成为自由人。那些人是不可能拥有美德的，他们天生就是奴隶。"

21世纪的今天，同样有许多人认为自己是卑下的，而觉得无脸见人。他们每天工作，却无法意识到工作的意义，只是生活所迫。这种轻视工作的人，只能是得过且过，甚至在工作时提心吊胆，生怕遇见什么熟人，而让自己颜面尽失。

其实，工作本身没有贵贱之分，只要你诚实地劳动和创造，就没有人贬低你的价值，关键在于你如何看待自己的工作。看一个人是否能做好事情，只要看他对待工作的态度。而一个人的工作态度，更是他本人的性情与干好工作的前提。试想，谁会指望一个态度不端正的人干出什么有价值的事呢？所以，了解一个人的工作态度，在某种程度上就是了解了那个人。

如果一个人轻视自己的工作，将它当成低贱的事情，那么他绝不会尊重自己。因为看不起自己的工作，所以备感工作艰辛、烦闷，工作自然也不会做好。当今社会，有许多人不尊重自己的工作，不把工作看成创造一番事业的必由之路和发展人格的工具，而视为衣食住行的供给者，认为工作是生活的代价，是无可奈何、不可避免的劳碌，这是多么错误的观念！

因此，我们千万不能看不起自己的工作，每个人的工作都是有价值、有意义的。一个看不起自己工作的人，实际是人生的懦夫。其实他本来可以创造辉煌，结果却与成功失之交臂，这不能不说是人生的一大遗憾。

选择自信，而不选择面子

来美国的有些亚洲新贵，很快就发现他们身边少了一份熟悉的羡慕，多了一份失落。于是，他们随时分发印有董事长头衔的名片，以增加自己的面子，但并不管用。于是，又一掷千金，买下华屋名车，往脸上贴金。可气的是，竟然连那些居斗室、开破车的美国佬也"我自岿然不动"，不肯景仰擦身而过的奔驰老总。

当然更不会有人注意到他们袖口或领口的名牌商标。在美国，高薪、华屋、名车的群众号召力没有在新富国家那样大。

很多美国人身为工薪阶层，也是心满意足。当你出入豪华宾馆时，为你叫车的男孩不卑不亢，礼貌周到，绝没有躬身不好意思的表情，反而你会感到他的自信。他未必羡慕你选择的道路。千千万万的美国人按照自己的实际情况选择了职业，选择了生活的各个方面，也活出了一份自信。于是，让那些在本国高高在上的贵人们到了美国就傲气顿失。

一个访美的亚洲官员讲：我在国内时别人见我就点头哈腰，可是在美国连有些捡破烂的人腰板都挺得直直的。

俊原来工作的办公室里有个维护计算机系统的老美，大学毕业，工作10年了，很平常的一个人。相处久了，他们每天见面时也侃几句。一天，俊开导他："你为什么不去微软公司工作呢？几年下来股票上涨就发了。"他说："我不喜欢微软，这儿挺好。"

后来俊发现他有一张合影照片，他，他姐姐、姐夫，比尔·盖茨。才知道他姐姐是早年跟比尔·盖茨打下微软江山的功臣，现担任微软公司副总裁，也是亿万身家了。一问，办公室里有人知道，却没人跟他套近乎，大家把他支来支去。他不求致富，有一份淡泊的安详。

你会发现，美国的博士们找工作，首选是做教授。做教授比去公司穷，还辛苦，但有更多的学术和时间自由。有个华人博士，在一所大学任助理教授，美国几个最大的制药公司请他去主持一个研发部门，开价是他在学校年薪的三倍。他不去，就要做教授，还劲头十足地写论文，说回国开讲座，其乐陶陶。

最近他因为一项被美国医疗服务协会称为"挑战传统的发现"，而受到美国主要媒体的关注。一个同系的老美教授告诉他说：我搞了多年的研究，多么希望自己的研究成果也能引起如此的反响。那位老美教授还认真地给这位老兄出主意，怎样把这事的影响扩大。如果我们是他的同事，我们是否会像那位老美一样为他的成功真诚激动、锦上添花呢？

因为有自信，你的美国同事和朋友也乐于恭喜你的成功。没有自信，你很难心平气和地去祝贺你身边的同胞，哪怕是密友。有时倒不是因为他抢了你的机会，而是他的成功恰好勾起了你的自卑和由此产生的嫉妒，你的心态难以平衡。若要以他人的不成功作为骄傲的基础，你就把自信建立在了自卑的沙堆上。当他人的成功浪潮袭来之时，你将如何安身立命？

有一位朋友，拿到一个名牌大学的教授职位，高高兴兴地从麻省来加州赴任，先租公寓房住。自己是教授，当然有面子，所以住的公寓当然不能差。隔壁邻居是一家墨西哥人，每天见面都打招呼。聊天时老墨中气十足，没什么文化，但神色之间透出对生活相当满足的自信。这位仁兄想，这老墨虽没有文化，敢跟我大教授谈笑风生，想来也是生意上有成之辈。

结果不然，这老墨没有工作，全靠五个小孩的政府补助过活，每人每月几百元钱，还有食品券。这位朋友感慨地讲，恐怕克林顿总统来了，这老墨也不会腿软。

在这片崇尚自由呼吸的土地上，当你理解并尊重他人的选择，就不会试图用高薪去让一个自命清高的教授下海，用博士学位去让一个讲求实惠的蓝领汗颜，用奔驰去让一辆招摇过市的旧车愧退，用华屋去让一位与世无争的友邻气短。

有一个故事，事情发生在 1997 年 12 月 11 日。美国著名的"悄悄话"专栏女记者辛迪·亚当想约克林顿总统的夫人希拉里来个单独采访。经过多番努力，终于搞定，希拉里同意在她出席了纽约曼哈顿大学俱乐部的一个妇女集会后，跟辛迪谈一个小时。

采访就定在曼哈顿俱乐部里。这个俱乐部有着百年的历史，注重传统，古色古香。辛迪先到，在大厅候着。到了时间希拉里还没来，她坐不稳了，悄悄地把大哥大拿出来，想打个电话问一下，守门的老头过来了，说："夫人，您在干什么？"

辛迪说："我跟克林顿夫人有个约会。"老头说："你不可以在这个俱乐部里使用手机，请你出去。"说完后老头就走了，辛迪收起了手机。

一会儿老头又来了，看见这女人没走，还与克林顿夫人在大厅里高谈阔论，在场的还有白宫的高级助理们。老头不乐意了，顾不上他们的面子，说："这是不容许的行为，你们必须离开。"

克林顿夫人说："咱们走。"乖巧地拉上辛迪就出去了。

这个老头不是贾府门前的焦大，他选择了守门，拥有了一份令权贵们不敢在他面前猖狂的自信。

权势人物的气度是制度和人民调教出来的，常常是有什么样的人民就有什么样的领袖。

知道吧，比尔·盖茨想参加哈佛的同班聚会，被有些同学拒绝了。是呀，你盖茨选择了中途退学，跟同学没多大关系，聚会有劲吗？选择了在哈佛毕业的同学未必都选择了向金钱屈膝。

选择一份自己喜欢的工作，过一种自己喜欢的生活，你的金钱和权势并不能给你带来面子，因为这些跟我有什么关系呢？

淡泊为怀，宠辱不惊

超越面子心理和世俗认知的人，大多是胸襟宽广的人，他们淡泊为怀，如一股春风般温煦宽厚，像一只轻松畅游的鱼一样置宠辱于身外。

有位修行很深的禅师叫白隐，无论别人怎样评价他，他都会淡淡地说一句：就是这样的吗？

在白隐禅师所住的寺庙旁，有一对夫妇开了一家食品店，家里有一个漂亮的女儿。无意间，夫妇俩发现女儿的肚子无缘无故地大了起来。这种见不得人的事，使她的父母震怒异常！在父母的一再逼问下，女儿终于吞吞吐吐地说出

"白隐"二字。

她的父母怒不可遏地去找白隐理论，但这位大师不置可否，只是若无其事地答道："就是这样吗？"孩子生下来后，就被送给白隐。此时，他的名誉虽已扫地，但他并不以为然，只是非常细心地照顾孩子——他向邻居乞求婴儿所需的奶水和其他用品，虽不免横遭白眼，或是冷嘲热讽，他总是处之泰然，仿佛他是受托抚养别人的孩子一样。

事隔 1 年后，这位没有结婚的妈妈，终于不忍心再欺瞒下去了。她老老实实地向父母吐露真情：孩子的生父是住在同一幢楼里的一位青年。

她的父母立即将她带到白隐那里，向他道歉，请他原谅，并将孩子带回。

白隐仍是淡然如水，他只是在交回孩子的时候，轻声说道："就是这样吗？"仿佛不曾发生过什么事；即使有，也只像微风吹过耳畔，霎时即逝！

白隐为给邻居女儿以生存的机会和空间，代人受过，牺牲了为自己洗刷清白的机会，受到人们的冷嘲热讽，但他始终处之泰然。"就是这样吗？"这平平淡淡的一句话，就是对"宠辱不惊"最好的解释，而我们现代人缺乏的正是这一点。

19 世纪中叶美国有个叫菲尔德的实业家，率领工程人员，要用海底电缆把"欧美两个大陆连接起来"。为此，他成为美国当时最受尊敬的人，被誉为"两个世界的统一者"。在举行盛大的接通典礼上，刚被接通的电缆传送信号突然中断，人们的欢呼声变为愤怒的狂涛，都骂他是"骗子""白痴"。可是菲尔德对于这些毁誉只是淡淡地一笑。他不做解释，只管埋头苦干，经过 6 年的努力，最终通过海底电缆架起了欧美大陆之桥。在庆典会上，他没上贵宾台，只是远远地站在人群中观看。

菲尔德不仅是"两个世界的统一者"，而且是一个理性的战胜者。当他遇到难以忍受的厄运时，通过自我心理调节，然后做出正确的选择，从而在实际行为上显示出强烈的意志力和自持力，这就是一种理性的自我完善。

世上有许多事情的确是难以预料的，成功常常与失败相伴。人的一生，犹如簇簇繁花，既有红火耀眼之时，也有暗淡萧条之日。面对成功或荣誉，要像菲尔德那样，不要狂喜，也不要盛气凌人，把功名利禄看轻些，看淡些；面对挫折或失败，也就不会像《儒林外史》里的范进，中了举，惹出祸端。

人要有经受成功、战胜失败的精神防线。成功了要时时记住，世上的任何一样成功或荣誉，都依赖周围的其他因素，绝非你一个人的功劳。失败了不要一蹶不振，只要奋斗了，拼搏了，就可以无愧地对自己说："天空不留下我的痕迹，但我已飞过。"（泰戈尔语）这样就会赢得一个广阔的心灵空间，得而不喜，失而不忧，把握自我，超越自己。

佛经云：心包太虚，量周沙界。你能把虚空宇宙都包容在心中，那么你的心量自然就能如同虚空一样广大。无论荣辱悲喜，成败冷暖，只要心量放大，自然能做到风雨无惊。

测一测你的心理承受力

今天的社会，人们工作、生活的压力与日俱增，面对时代的大潮冲击，人们要做大事，要生活得更好，更有必要了解并改善自己的心理承受能力。

心理学家设计的一套自我心理承受能力的试题，我们不妨自测一下。

做题时，只需要在每题的备选答案中单选一项，然后把分数累计相加即可，选择时要注意实事求是。

1. 你的收入不高，但并没有感到经济紧张_____

A. 是 (+5)

B. 不是 (+1)

C. 不一定 (+3)

2. 你步入社会后一路坎坷，经常遭受别人的白眼_____

A. 是 (+5)

B. 从不 (+1)

C. 偶尔 (+3)

3. 如果你在恋爱中被恋人抛弃，你感到失去了一切_____

A. 是 (+1)

B. 绝不 (+5)

C. 也许 (+3)

4. 你的童年是在父母溺爱中度过的_____

A. 是 (+1)

B. 不是 (+5)

C. 不全是 (+3)

5. 让你与不同性格的人在一起工作，你觉得非常不舒服_____

A. 是 (+1)

B. 完全不是 (+5)

C. 有一些 (+3)

6. 你面临失败的厄运时常有"破罐子破摔"的想法_____

A. 是 (+1)

B. 不可能 (+5)

C. 不好说 (+3)

7. 你从来没有吃过安眠类药物_____

A. 是 (+5)

B. 经常服用 (+1)

C. 偶尔服用 (+3)

8. 单位原有给你加薪的意思，但后来换成了另一个你熟悉的人，这时你是否会向被加薪的人祝贺_____

A. 会 (+5)

B. 绝不 (+1)

C. 不一定 (+3)

9. 当你看到穿奇装异服的人，当你听到乱而吵的音乐时，你感到恶心____

A. 是的 (+1)

B. 绝不 (+5)

C. 不一定 (+3)

10. 你能与"情敌"心平气和地交谈_____

A. 是的 (+5)

B. 绝不 (+1)

C. 不好说 (+3)

11. 当你接二连三地遇到倒霉之事时，你一次比一次感到苦恼_____

A. 是的 (+1)

B. 绝不 (+5)

C. 不一定 (+3)

评析：

第一分数段 (11 ~ 21 分)：

你情感脆弱，经受刺激的能力差，不适合做股票生意。当然，心理承受能力是可以培养的，建议你把得失再看得淡一些，面对生活的挑战再乐观一些，相信你会成功的。

第二分数段 (22 ~ 45 分)：

一般情况下，你不会有什么困扰，会平心静气地面对生活。需要注意的是在遇到大的变故时要经受住考验。祝你好运。

第三分数段 (46 ~ 55 分)：

经历不凡的你具有超然处世、随遇而安的气度，可谓"大腹能容天下难容之事"。你应该做一番大事业才对。

第八章　不要在乎面子，勇于挑战缺憾

嘲笑是别人给的，面子是自己挣的

对于别人的嘲笑，少一些在意，努力去改变自身，才能赢得人生的成功。

拿破仑的父亲是一个极高傲却穷困的科西嘉贵族。父亲把拿破仑送进了一个在布列讷的贵族学校，在这里与他往来的都是一些在他面前极力夸耀自己富有，而讥讽他穷苦的同学。这种一致讥讽他的行为，虽然引起了他的愤怒，而他只能一筹莫展，屈服在威势之下。

后来实在受不住了，拿破仑写信给父亲，说道："为了忍受这些外国孩子的嘲笑，我实在疲于解释我的贫困了，他们唯一高于我的便是金钱，至于说到高尚的思想，他们是远在我之下的。难道我应当在这些富有高傲的人之下谦卑下去吗？"

"我们没有钱，但是你必须在那里读书。"这是他父亲的回答，因此使他忍受了五年的痛苦。但是每一种嘲笑，每一种欺侮，每一种轻视的态度，都使他增加了决心，发誓要做给他们看看，他确实是高于他们的。他是如何做的呢？这当然不是一件容易的事，他一点也不空口自夸，他在心里暗暗计划，决定利用这些没有头脑却傲慢的人作为桥梁，去使自己得到技能、富有、名誉等。

等他到了部队时，看见他的同伴正在用多余的时间追求女人和赌博。而他那不受人喜欢的体格使他决定改变方针，用埋头读书的方法，去努力和他们竞争。读书是和呼吸一样自由的，因为他可以不花钱在图书馆里借书读，这使他得到了很大的收获。他并不是读没有意义的书，也不是专以读书来消遣自己的烦恼，而是为自己理想的将来做准备。他下定决心要让全天下的人知道自己的才华。因此，在他选择图书时，也就是以这种决心为选择的范围。他住在一个既小又闷的房间内。在这里，他脸无血色、孤寂、沉闷，但是他不停地读下去。他想象自己是一个总司令，将科西嘉岛的地图画出来，地图上清楚地指出哪些地方应当布置防范，这是用数学的方法精确地计算出来的。因此，他数学的才能获得了提高，这使他第一次有机会表示他能做什么。

他的长官看见拿破仑的学问很好，便派他在操练场上执行一些工作，这是需要极复杂的计算能力的。他的工作做得极好，于是他又获得了新的机会，拿破仑开始走上有权势的道路了。这时，一切的情形都改变了。从前嘲笑他的人，现在都涌到他面前来，想分享一点他得的奖励金；从前轻视他的，现在都希望成为他的朋友；从前揶揄他是一个矮小、无用、死用功的人，现在也都改为尊重他。他们都变成了他的忠心拥戴者。

难道这是天才所造成的奇异改变的吗？抑或是因为他不停地工作而得到的成功呢？他确实是聪明，他也确实是肯下功夫，不过还有一种力量比知识或苦功夫来得更为重要，那就是他那种想超过戏弄他的人的野心。

假使他那些同学没有嘲笑他的贫困，假使他的父亲允许他退出学校，他的感觉就不会那么难堪。他之所以成为这么伟大的人物，完全是由他的一切不幸造成的。他学到了由克服自己的缺憾而得到胜利的秘诀。

凡是伟大的人物从来不承认生活是不可改造的，他们也许会遭到许多突如其来的嘲笑和打击，但他们会将"面子"晾在一旁，面子的暂时受损，反而使他们充满一股热忱想干出一番事业来。

用心去看，而不是只相信眼睛

眼睛是心灵的窗户，也是我们观看世界的一个通道。可是，有时候，眼睛看见的东西并不是一个人的全部。我们很容易看见一个人的缺陷，却并不一定能感受到他真正的优秀之处。

在乔治的记忆中，父亲一直就是瘸着一条腿走路的，他的一切都平淡无奇。所以，他总是想，母亲怎么会和这样的一个人结婚呢？有些时候，他看到父亲的样子，甚至觉得羞愧，觉得没有面子。

一次，市里举行中学生篮球赛，他是队里的主力。他找到母亲，说出了他的心愿，希望母亲能陪他同往。母亲笑了，说："那当然。你就是不说，我和你父亲也会去的。"他听罢摇了摇头，说："我不是说父亲，我只希望你去。"母亲很是惊奇，问："这是为什么？"他勉强地笑了笑，说："我总认为，一个残疾人站在场边，会使整个气氛变味儿。"母亲叹了一口气，说："你是嫌弃你的父亲了？"父亲这时正好走过来，说："这些天我得出差，有什么事，你们商量着去办就行了。"

比赛很快就结束了。乔治所在的队得了冠军。在回家的路上，母亲很高兴，说："要是你父亲知道了这个消息，他一定会放声高歌的。"乔治沉下了脸，说："妈妈，我们现在不提他好不好？"母亲接受不了他的口气，尖叫起来，说："你必须要告诉我这是为什么。"乔治满不在乎地笑了笑，说："不为什么，就是不想在这时提到他。"母亲的脸色凝重起来，说："孩子，这话我本来不想说，可是，我再隐瞒下去，很可能就会伤害到你的父亲。你知道你父亲的腿是怎么瘸的吗？"乔治摇了摇头，说："我不知道。"母亲说："那一年你才2岁。父亲带你去花园里玩，在回家的路上，你左奔右跑。忽然，一辆汽车疾驰而来，你父亲为了救你，左腿被碾在了车轮下。"乔治顿时呆住了，说："这怎么可能呢？"母亲说："这怎么不可能？不过这些年你父亲不让我告诉你罢了。"

两人慢慢地走着，母亲说："有件事可能你还不知道，你父亲就是布莱特，你最喜欢的作家。"乔治惊讶地蹦了起来，说："你说什么？我不信！"母亲说："这其实你父亲也不让我告诉你。你不信可以去问你的老师。"乔治急急地向学校跑去。老师面对他的疑问，笑了笑，说："这都是真的。你父亲不让我们透露这些，是怕影响你的成长。但现在你既然知道了，那我就不妨告诉你，你父亲是一个伟大的人。"

两天以后，父亲回来。乔治问父亲："你就是大名鼎鼎的布莱特吗？"父亲愣了一下，然后就笑了，说："我就是写小说的布莱特。"乔治拿出一本书来，说："那你先给我签个名吧！"父亲看了他片刻，然后拿起笔来，在扉页上写道：不要只相信眼睛看到的，布莱特。

多年以后，乔治成为一名出色的记者。这时，有人让他介绍自己的成功之路，他就会重复父亲的那句话：不要只相信眼睛看到的，要用心去感受。

生活的辩证法告诉我们，第一印象的重要性是不容否认的，尤其以外表判断他人也是人之常情。在选择朋友时的确很容易受印象好坏影响。然而，这很容易造成偏差。

俗话说"人不可貌相"，但现实生活中，整洁的人的确比肮脏的人看起来舒服得多了。外表如果让人不舒服，多多少少会影响内心的喜恶。我们平常也会用这样的话来形容别人的长相："那个人一脸胡子，长得像土匪！""那个人一脸奸诈，看起来是很坏的人！"这些完全都是由外观所下的判断。

人的长相是与生俱来的，并非是自己的希望或责任。你如果只是从远处看对方就表示："我总觉得那个人看起来很讨厌！"那只能表明你是个气量狭小的人。

以日本人和西方人为例。大多日本人的长相是身材矮小、肩膀狭窄、上额突出，可以说是其貌不扬。而西方人大多是身材高壮、相貌堂堂。就外表比起来，日本人自然是比不上西方人。因此，和日本人初次见面的第一次印象有时不太好，甚至有些人在看到日本人的时候，还会嫌弃一番："怎么长得这么丑！"

然而，日本人是创造世界经济奇迹的成功者。在其貌不扬的外表之下，他们有着深谋远虑的思考力及顽强的奋斗精神。

诸葛亮的妻子黄氏据说长得也很丑，但是就才学来讲诸葛亮还得常向她请教治国方略。而汪精卫在今天看来也是帅哥，却是卖国贼。

古人说，"以貌取人，失之子羽"。在与人交往的过程中，千万不可以貌取人。长相俊美的人，并不一定是聪明或善良的人；相反，有些外貌丑陋的人，由于内心的自卑反射，便加倍努力地充实自己，反而成为一个有内在美的可敬可爱的人。在发展人际关系上，内心善良、学识丰富的人，才是值得交往的人。如果你不能开阔胸襟来接受这些有智慧的朋友，只知结交俊男美女，那你就称不上是交际手腕高明的人了。

勇敢的人，才能有飞翔的机会

太在乎面子的人，有一个人所共知的特性，那就是做事时不是从自己的角度出发，勇敢地进行超越，而是抱着随大流的心理，看别人的眼色和状况来决定自己的行为。这种面子效应所衍生出来的从众心理，堵塞了我们潜能迸发的出口，让我们不敢去突破和超越死水一般的现状，最终会让人进入到平庸之列。

有个顽童无意间在悬崖边的鹰巢里发现一颗老鹰的蛋，他一时兴起，将这颗蛋带回父亲的农庄，放在母鸡的窝里，看看能不能孵出小鹰来。

果然如顽童的期望，那颗蛋孵出了一只小鹰。小鹰跟着同窝的小鸡一起长大，每天在农庄里追逐主人喂饲的谷粒，一直以为自己是只小鸡。

一天，母鸡焦急地咯咯大叫，召唤小鸡们赶紧躲回鸡舍内，慌乱之际，只见一只雄壮的老鹰俯冲而下，小鹰也和小鸡一样，四处逃窜。

经过这次事件后，小鹰每次看见远处天空盘旋的老鹰的身影，总是喃喃自语："我若是能像老鹰那样，自由地翱翔在天上，该有多好。"

而一旁的小鸡总会提醒它："别傻了，你只不过是只鸡，是不可能高飞的，别做那种白日梦吧……"

小鹰想想也对，自己不过是只小鸡，也就回过头，去和其他小鸡追逐主人撒下的谷粒。直到有一天，一位驯兽师和朋友路过农庄，看见这只小鹰，便兴致勃勃要教会小鹰飞翔，而他的朋友则认为小鹰的翅膀已经退化，劝驯兽师打消这个念头。

驯兽师却不这么想，他将小鹰带到农舍的屋顶上，认为由高处将小鹰掷下，它自然会展翅高飞。不料小鹰只轻拍了几下翅膀，便落到鸡群当中，和小鸡们四处找寻食物。

驯兽师仍不死心，再次带着小鹰爬上农庄内最高的树上，掷出小鹰。小鹰害怕之余，本能地展开翅膀，飞了一段距离，看见地上的小鸡们正忙着追寻谷粒，便飞了下来，加入鸡群中争食，再也不肯飞了。

在朋友的嘲笑声中，驯兽师这次将小鹰带上悬崖。小鹰发现大树、农庄、溪流都在脚下，而且变得十分渺小。待驯兽师的手一放开，小鹰展开双翼，终于实现了它的梦想，自由地翱翔于天际。

我们每个人都曾经如同小鹰一般，曾拥有过翱翔天际、悠游自在的美妙梦想。有趣的是，这些伟大的梦想，往往也就在周围亲友的"别傻了""不可能"声中，逐渐萎缩，甚至破灭。

就算侥幸遇上一位懂得欣赏我们的"驯兽师"，硬将我们带到更高的领域，往往我们也会像小鹰回头望见地上争食的鸡群一般，再次飞回地上，加入往日那个不知梦想的群体里。

除非您能像小鹰由悬崖上远眺一样，看清楚自己日夜忙于争食的那个农庄，原来是如此的渺小。此时，您有了新的眼光，达到了新的境界，再也不愿回到地上去追逐属于小鸡的谷粒了。

莫让我们的伟大梦想再因同伴的几句冷言冷语而破灭。如果您真是老鹰，就无须再困顿于地上；安于现状，为面子所限，只会使您丧失获得成功的能量。

所有的草都会开出自己的花朵

面子心理的一大负面效应是，让人在对比中对自己产生了怀疑，总觉得自己不如人。如果任由这样的心理发展下去，难免会步入误区。实际上，每个人都有属于自己的优势所在。

晚春时节，校长和老师带领一群十五六岁的学生到百里外的县城去参加作文竞赛。学生们既兴奋又担忧，兴奋的是他们能够坐上大汽车去县城里看看；担忧的是他们这群山里的孩子，作文能赛过城里的学生吗？头发花白的老校长看出了孩子们的忧虑，他就说："你们常常上山下田，谁能说出一种不会开花的草？"

不会开花的草？蒲公英是会开花的，它的花朵金黄的，秋天时结满了降落伞似的小绒球；狗尾草也是会开花的，它狗尾似的绿穗就是它的花朵；就连那些麦田里的荠荠草也是会开花的，它的花洁白晶莹的，有米粒那么大，像早晨被太阳镀亮的一颗颗露珠。他们想来想去，把每一种草都想遍了，可是谁也没有想出有哪一种草是不会开花的。他们想了半天都摇摇头说："老师，没有一种草是不开花的，所有的草都会开出自己的花朵。"

老校长笑了，说："对呀，孩子们，每一种草都是一种花，栽在精美花盆里的花都是一种草，生长在田地边和山野里的草也是一种花啊。不论生活在哪里，你们和其他人一样，都是一种草，也都是一种花。记住，没有一种草是不会开花的，再美的花朵也来自一棵草。"

几十年过去了，当年的孩子们都从深山里的乡下走进都市里的大学，他们从乡下青年成为城市中的社会骨干。他们从不自卑，也没有浮躁过，因为他们总会想起老校长的那句话——没有一种草是不会开花的，而每一种花朵都来自一棵草。

朋友，请记住那位老校长的话吧，"没有一种草是不会开花的，而每一种花朵也是一种草"，去除心理的自卑，消灭心灵的畏惧，消除浮躁的情绪，让自己的生命之花开得红红火火，开得鲜艳美丽吧！

让杰西永远也忘不了的，是她上三年级时的一次午餐时间。学校排戏时，她被选来扮演剧中的公主。接连几周，母亲都煞费苦心地跟她一道练习台词。可是，无论她在家里表达得多么自如，一站到舞台上，她头脑里的词句全都无影无踪了。

最后，老师只好叫杰西靠边站。她解释说，她为这出戏补写了一个道白者的角色，请她调换一下角色。虽然她的话挺亲切婉转，但还是深深地刺痛了杰西——尤其是看到自己的角色让给另一个女孩的时候。

那天回家吃午饭时，杰西没把发生的事情告诉母亲。然而，母亲觉察到了她的不安，没有再提议她练台词，而是问她是否想到院子里走走。

那是一个明媚的春日，棚架上的蔷薇藤正泛出亮丽的新绿。杰西无意中瞥见母亲在一棵蒲公英前弯下腰。"我想我得把这些杂草统统拔掉。"她说着，用力地将它连根拔起。"从现在起，咱们这庭院里就只有蔷薇了。"

"可是我喜欢蒲公英，"杰西抗议道，"所有的花儿都是美丽的，哪怕是蒲公英！"

母亲表情严肃地打量着她。"对呀，每一朵花儿都以自己的风姿给人愉悦，不是吗？"她若有所思地说。

杰西点点头，高兴自己战胜了母亲。

"对人来说也是如此。"母亲又补充道，"不可能人人都当公主，但那并不值得羞愧。"

杰西想母亲猜到了自己的痛苦，她一边告诉母亲发生了什么，一边失声哭泣起来。

母亲听后释然一笑。

"但是，你将成为一个出色的道白者。"母亲说，并提醒杰西是如何爱朗读故事给自己听的，"道白者的角色跟公主的角色一样重要。"

世上有许多事等待我们去做，有大事，也有小事，但只要对成功有益，我们就要努力去做。假如您做不了太阳，那就做一颗星星吧！但要尽量使自己明亮。假如你不能成为一棵大树，那就做一棵小树吧！但要努力使自己茁壮。如果你只是一棵微不足道的小草，也要尽力让自己成为生长在小溪边最有活力的那一棵。不可能每个人都当船长，必须有人来当水手，问题不在于你干什么，重要的是能够做一个最好的你。

勇于低头认错，才能抬头做人

创建于 19 世纪的彭尼公司原来只是一家小杂货店，其创始人乔治·彭尼苦心经营，生意日渐兴隆。到了 1940 年，公司已拥有资金 4.09 亿美元了，连锁店的数目达到 1586 个，即使是在经济大萧条时代，彭尼公司仍在继续发展。

然而到了 19 世纪 50 年代，彭尼公司的生存遭到威胁。公司信奉"一手交钱，一手交货"的信条，不搞赊销经营，商品种类也很单调。产品缺乏竞争力，很多商品跟不上时代，不能满足现代消费者的需要。

1957 年，公司总经理巴腾向董事会提出批评，指斥公司领导保守僵化，对发生的变化无动于衷，他认为非改革不可了。

董事长乔治·彭尼认识到巴腾建议的正确性，开始意识到自身的错误，他决定实行变革。1958 年公司开始实行提供信贷服务，这一举动给公司当年带来了利润。到了 1973 年，彭尼公司已有 1.2 万赊销账户，并且也走上了商品品种多样化的道路。随后，彭尼公司蒸蒸日上，逐渐成为美国几家大商业公司之一。

承认错误是一种人生智慧，智慧要求人们对错误采取分析态度，这样才能反败为胜。现实中，许多为了面子死不认错，梗着脖子硬认死理，只能让自己一错再错，损失更大的"面子"。

由此，一个人要想有面子，就要不怕丢面子。孔子说："过而不改，是谓过矣。"意思是说：犯了一回错不算什么，错了不知悔改，才是真的错了。

人无完人，没有人没缺点，也没有人不会没有错误，有时甚至还一错再错。既然错误是不可避免的，那么可怕的并不是错误本身，而是怕知错而不肯改，错了也不悔过。

其实，如果能坦诚地面对自己的缺点和错误，拿出足够的勇气去承认它、面对它，不仅能弥补错误所带来的不良后果，还能加深领导和同事对你的良好印象，从而很痛快地原谅你的错误。这不但不是"失"，反而是最大的"得"。

那年李小姐刚从大学毕业，分配在一个离家较远的公司上班。每天清晨7时，公司的专车会准时等候在一个地方接送她和她的同事们。

一个骤然寒冷的清晨，她关闭了闹钟尖锐的铃声后，又稍微赖了一会儿暖被窝——像在学校的时候一样。她尽可能最大限度地拖延一些时光，用来怀念以往不必为生活奔波的寒假日子。那一个清晨，她比平时迟了5分钟起床，可就是这区区的5分钟却让她付出了代价。

当她匆忙中奔到专车等候的地点时，已经7点过5分。班车开走了。站在空荡荡的马路边，她茫然若失，一种无助和受挫的感觉第一次向她袭来。

就在她懊悔沮丧的时候，突然看到了公司那辆蓝色轿车停在不远处的一幢大楼前。她想起曾有同事指给她看过那是上司的车，她想真是天无绝人之路。她向那车走去，在稍稍犹豫后打开车门悄悄地坐了进去，并为自己的聪明而得意。

为上司开车的是一位慈祥温和的老司机。他从反光镜里已看她多时了，这时，他转过头来对她说："你不应该坐这车。"

"可是我的运气真好。"她如释重负地说。

这时，她的上司拿着公文包飞快地走来。待上司在前面习惯的位置上坐定后，她才告诉他说："班车开走了，想搭您的车子。"她以为这一切合情合理，因此说话的语气充满了轻松随意。

上司愣了一下，但很快坚决地说："不行，你没有资格坐这车。"然后用无可辩驳的语气命令她："请你下去！"她一下子愣住了——这不仅是因为从小到大还没有谁对她这样严厉过，还因为在这之前她没有想过坐这车是需要一种身份的。当时就凭这两条，以她过去的个性是定会重重地关上车门以显示她对这车的不屑一顾，而后拂袖而去。可是那一刻，她想起了迟到将对她意味着什么，而且她那时非常看重这份工作。于是，一向聪明伶俐但缺乏生活经验的她变得从来没有过的软弱，她近乎用乞求的语气对上司说："我会迟到的。"

"迟到是你自己的事。"上司冷淡的语气没有一丝一毫的回旋余地。

她把求助的目光投向司机，可是老司机看着前方一言不发。委屈的泪水终于在她的眼眶里打转，然后，她在绝望之余为他们的不近人情而固执地陷入了沉默的对抗。

他们在车上僵持了一会儿。最后，让她没有想到的是，他的上司打开车门走了出去。坐在车后座的她，目瞪口呆地看着有些年迈的上司拿着公文包向前走去。他在凛冽的寒风中拦下了一辆出租车飞驰而去。泪水终于顺着她的脸颊流淌下来。

老司机轻轻地叹了一口气："他就是这样一个严格的人。时间长了，你就会了解他的。他其实也是为你好。"老司机给她说了自己的故事。他说他也迟到过，那还是在公司创业阶段，"那天他1分钟也没有等我也不要听我的解释。从那以后，我再也没有迟到过。"他说。

她默默地记下了老司机的话，悄悄地拭去泪水，下了车。那天她走下出租车踏进公司大门的时候，上班的钟点正好敲响。她悄悄而有力地将自己的双手紧握在一起，心里第一次为自己充满了无法言说的感动，还有骄傲。

从这一天开始，她长大了许多。

事实上，一个有勇气承认自己错误的人，他也可以获得某种程度的满足感，这不仅可以消除罪恶感和自我保护的气氛，而且有助于解决这项错误所造成的问题。卡耐基告诉我们，即使傻瓜也会为自己的错误辩护，但能承认自己错误的人，就会获得他人的尊重，而且令人有一种高贵诚信的感觉。

征服了你的缺憾，你就赢得了成功

爱美之心，人皆有之。生活中许多青年朋友常会因自己的某些缺陷而苦恼不已。例如：为没有长一米八高的个子；为没有双眼皮、高鼻梁；为脸上的"青春美丽痘"太多；为没有亭亭玉立的身材等，更有为自己的病残缺陷痛不欲生者。那么，该如何克服生理上的缺陷所引发的心理障碍从而以积极乐观的态度面对人生，在学习、工作等方面得到满足和补偿呢？

希腊伟大的演说家狄摩西尼就是典型的一例。最初他的声音极弱、吐字不清、说话气促，特别是"R"这个字母总是说不清楚，发音十分糟糕。第一次演讲时，由于语句混乱，他在听众的哄堂大笑中狼狈下台。但狄摩西尼并没有就此退缩，他勇敢地面对现实，正确对待自己的缺陷，寻求弥补的方法。他把小石子含在嘴里，面对大海的波涛训练发音；向山上奔跑的同时一边背诵着，练习一口气念好几行字。经过一系列长期的自我调控，他终于获得了成功，成为古今闻名的大演说家。

孙膑遭受膑刑后写成《兵法》；司马迁遭宫刑而后有卷帙浩繁的《史记》；曹雪芹经受家道中落的波折后疾笔写下《红楼梦》。

拿破仑身材矮小，可是他曾做出称霸欧洲的壮举；丘吉尔虽有口吃，却掩盖不住他身为首相、作为第二次世界大战盟军最高指挥官之一的豪迈与英气。

我们感慨贝多芬耳聋后仍谱写出世代流传的《英雄交响曲》和《第九交响曲》；我们赞美奥斯特洛夫斯基战胜瘫痪和双目失明后为后代留下《钢铁是怎样炼成的》这一不朽力作；我们讴歌海伦·凯勒蔑视不幸和自强不息的勇气；我们亦为吴运铎、张海迪这些"中国的保尔"骄傲自豪。

1983 年，共青团中央给"人为什么活着"这一人生命题寻求答案。于是，在"众里寻他千百度"中，28 岁的张海迪手转轮椅向 11 亿人走来，麦克风传出她解释这一命题的时代强音。

迄今为止，这位从未进过校门的高位截瘫女子已翻译出版了《海边诊所》等四部外国名著，撰写了《轮椅上的梦》等五部长篇小说。继山东大学 1982 年授予她名誉大学生称号后，1993 年 4 月 2 日，经过严格的考试和 20 分钟的论文答辩，时任吉林大学研究生院院长的金钦瀚教授亲手为她戴上了硕士帽。

有人说，张海迪以她清晰的轮椅印辙给中国 5000 多万残疾人印证了《易经》上的遗训："天行健，君子以自强不息。"

对比身残志不残的生活强者们，我们这些身体健全的人们还有什么理由总是为自己的某些缺点而斤斤计较？还有什么理由不去执着地追求自己的理想呢？

其实，生活中有些小小的缺陷无须花费过多的精力去劳神费心，只要你留心稍加改造，巧妙利用，便可以使这小小的缺憾变成令人乐于接受的东西，甚至创造出光彩照人的奇迹。

美国总统罗斯福天生长了一张难看的大嘴，嘴唇又厚又黑，牙齿也极不整齐。后来有人出谋，精心为其制作了一个大烟斗，每次讲演时，他都将那个大烟斗轻轻托于嘴旁，这不仅遮掩了他那张大嘴的难堪，而且使他那别具一格的演讲家气质显得更加动人潇洒。

我们敬爱的周总理也是一位很会利用缺陷的人。战争年代，他的右臂不幸负了伤，愈后难以伸直。以后他顺其自然，每每出入于社交场合，他总是把右臂轻轻挽在胸前，形成他一种特有的不失风雅的习惯姿势。正是右臂这轻轻地一挽，为多少国际友人和炎黄子孙留下了洒脱飘逸的总理风度。

当然，我们并非都要像这些伟人一样，但我们可以从他们那里学到一些如何应付弱势，以及如何充分利用已经出现的不能改变的弱势，化不利为有利，为自己战胜失败的人生助一臂之力。

杀敌八百，自损一千：苛责别人就是贬低自己

为了保住面子，平庸的人总是靠贬低别人来抬高自己，却无法改变平庸的本性。

有这样一个故事：

到了麦子抽穗的时候了，却一直干旱，老农们急得心都着火了。这天上午，忽然乌云密布，雷声大作，不一会儿，就下起雨来。老农们高兴地跑到田边，看着得到雨水滋润的庄稼，激动地对着下雨的天空作了一个揖。

躺在地头的一块石头看见了，对此很不高兴，它酸溜溜地说："哎呀！看来万物都为它感到喜悦呀！噢，盼它就像盼一位国际贵宾似的，可它究竟做了什么事呢？也只不过下了两三个小时，有什么了不起的？"石头看了一下自己，又委屈地说道，"就是嘛，我在这里已经住了几百上千年了，我一直都这么谦恭、沉静，这么安分、平和，这么彬彬有礼，这么随遇而安，却从来没有人来表扬我，感谢我，这个世界真是太不公平了，怪不得老听见有人在骂这个世界不公平，其实一点都不错。"

"住嘴吧，你，"一只虫子听不下去了，它打断了石头的话，正颜厉色地说，"雨下得时间是短了些，只有两三个小时，甚至有时才一两个小时，但是雨水滋润了大地，在雨水的浇灌下，农民能够获得丰收，而你在地里几百上千年，却完

全没有用处，不仅如此，你还压着这块肥沃的土壤，你只是个无用的多余的包袱，没有谁从你这里得到一点好处，你是毫无价值的，不是吗？"

石头被说得哑口无言，羞愧地低下了头。

平庸的人从来都不愿承认自己的无能，为了保住自己的面子，他们极尽挖苦之能事，靠贬低别人来抬高自己。然而，平庸的本质并没有因它的彰显而改变。

卡耐基警告人们："要比别人聪明，却不要告诉别人你比他聪明。"这告诉人们，任何自作聪明的批评都会招致别人的厌烦，而缺乏感情的责怪和抱怨则更有损于人际关系的发展。

在日常生活中常会发生此种情形：你觉得和某个人说话很无聊，那个人通常是个阴沉、言而无信又喜欢说别人坏话的人，此种芥蒂只会使彼此相处得更不融洽。如果你认为对方是个没有内涵的人，不管你是否将此事说出，都会让你的人际关系变得狭窄起来。要知道，永远自以为是且动辄责备他人的人，往往会令人生厌而自讨没趣。

罗宾森教授在《下决心的过程》一书中说过一段富有启示性的话："人，有时会很自然地改变自己的想法，但是如果有人说他错了，他就会恼火，更加固执己见。人，有时也会毫无根据地形成自己的想法，但是如果有人不同意他的想法，那反而会使他全心全意地去维护自己的想法。不是那些想法本身有多么珍贵，而是他的自尊心受到了威胁……"

因此，在生活中，千万不要为了面子苛责他人，更不要自作聪明地批评别人。这一切，从表面上看，批评的人好像处于优势地位，彰显出一种优点，可是在这些背后，也有他人对批评者的厌恶，而这份厌恶让我们失去的不仅仅是一份他人的尊重，还有生活和工作中和谐相处的可能性。

不视别人为人上人，你也就不是人下人

孟德斯鸠说："人生而平等，根本没有高低贵贱之分。"我们没有权利假借后天的给予对别人颐指气使，也没有理由为后天的际遇而自怨自艾。在人之上，要视别人为人；在人之下，要视自己为人。

一天晚上，闲着无事的艾森豪威尔在营帐外散步。他看见一个士兵正在营帐背后黯然神伤，便走了过去，"嗨，看来我们是同病相怜啊，我的心情也特别不好，我们可以走走吗？"士兵看到艾森豪威尔突然出现原本很紧张，可是万万没想到这位尊敬的将军竟在他最需要朋友倾诉的时候会来邀他散步，他感到万分荣幸。当然他们的谈话也很放松，用这位士兵的话说，"那天晚上他不再是指挥千军万马的将军，我也不再是默默无闻的小兵，我们是无所不谈的朋友。"正是那次谈话，使这个一向都很悲观的士兵乐观了起来，在以后的战斗中出奇地英勇。

英国著名戏剧家萧伯纳应邀到俄国访问。有一天，他漫步在莫斯科街头，遇到一位十分可爱的小女孩，一时兴起，便高兴地与她玩起游戏。

分手时，萧伯纳得意地对小女孩说："回去告诉你妈妈，今天同你玩耍的是世界上鼎鼎有名的萧伯纳。"

谁知小女孩望了萧伯纳一眼，学着大人的口气，骄傲地说："你也回去告诉你妈妈，今天同你玩的是小女孩安妮。"

这个回答使萧伯纳大吃一惊，立刻意识到自己的傲慢。

事后，他感慨万分地对朋友说："一个人不论有多大的成就，对任何人都应该平等相待，常常保持谦虚的态度。这个小女孩给我的教训，我一辈子也忘不了啊！"

人与人在人格上都是平等的，任何人都没有理由要求别人对他毕恭毕敬，尊重是相互的。不要因为别人的傲慢而看不起自己。尊严不是别人给予的，它

是你自己的人格和价值自然地形成的。所以，任何人对你尊重与否，你都不必在意，只要你自己不降格就行了！

电影明星洛依德将车开到检修站，一个女工接待了他。她熟练灵巧的双手和年轻俊美的容貌一下子吸引了他。

整个巴黎都知道他，但这个姑娘没有表现出丝毫的惊讶和兴奋。

"您喜欢看电影吗？"他不禁问道。

"当然喜欢，我是个电影迷。"

她手脚麻利，看得出她的修车技术非常熟练。半小时不到，她就修好了车。

"您可以开走了，先生。"

他却依依不舍："小姐，您可以陪我去兜兜风吗？"

"不，先生，我还有工作。"

"这同样是您的工作。您修的车，难道不亲自检查一下吗？"

"好吧，是您开还是我开？"

"当然我开，是我邀请您的嘛。"

车跑得很好。姑娘说："看来没什么问题，请让我下车好吗？"

"怎么，您不想再陪陪我吗？我再问您一遍，您喜欢看电影吗？"

"我回答过了，喜欢，而且是个影迷。"

"您不认识我？"

"怎么不认识，您一来我就认出，您是当代影帝阿列克斯·洛依德。"

"既然如此，您为何对我这样冷淡？"

"不！您错了，我没有冷淡，只是没有像别的女孩子那样狂热。您有您的成绩，我有我的工作。您今天来修车，是我的顾客，我就像接待顾客一样接待您；将来如果您不再是明星了，再来修车，我也会像今天一样接待您。人与人之间不应该是这样吗？"

他沉默了。在这个普通的女工面前，他感觉到自己的浅薄与狂妄。

"小姐，谢谢！您让我受到了一次很好的教育。现在，我送您回去。再要修车的话，我还会来找您。"

对权贵和名流的崇拜，只能给自己带来两种结果，第一是对自卑心的安慰，第二是对自尊心的亵渎。

人生而平等，生活中的每个人都一样重要，我们有什么必要降低自己的人格去向权贵和名流表达平白无故的敬意？恪守本分，不卑不亢，如此做人才不丧失尊严。问题是，生活里有多少人能够这样？

只有你才是自己事业和人生的贵人

费尽心机地攀高结贵，不会赢得尊重和荣耀，反倒会招致羞辱。

从前，天上的牛郎把一万缗金钱装在口袋里，搭在牛背上，准备送到斗牛宫去，可是牛突然逃到下界的人世间。牛来到人世间左顾右盼，于是它自惭形秽，觉得难以在世上露面。可是它一想到自己背上的钱很多，凭这些钱和豪门贵族联宗（同姓人联成一个宗族）也是很容易的。这样，也足以在人间夸耀了。

它首先来到东海拜见麒麟，向麒麟说明了自己的来意。麒麟听了冷笑着说："我头上的角，足下的趾，就标志着我是贵族，哪像你这个只会撞墙的蠢物，还想混入我们的宗族？真是笑话！"牛遭到一顿斥责，又羞又愧地离去了。

接着它又去拜见西域的青狮子。到了西域，还没来得及拜见，狮子见它形象丑陋不堪，便大吼一声，吓得牛拉了满地稀屎，便逃到荒野里去了。

牛在荒野里无所适从，它忽然想起了那个被人称为长耳公的驴子。因为有一同拉过车的友谊，便去求它。驴子说："南山里有只金钱豹，虽然经常隐藏在雾里，却交游很广，我愿意给你们做介绍人。"

牛和驴子一同来到南山。驴子见到金钱豹，说明了牛的诚意，又介绍了牛的长处。金钱豹开始时拒绝，但看到老牛背上的钱，就笑着说："看到你的背相，还可以联宗。况且，我们家族被称为豹的原因，就是背上有金钱花纹罢了。你虽然没有金钱形状的花纹，还可以用人工制成嘛。"于是收了牛背上的金钱，然后在牛的皮毛上画上闪闪发光的金钱图案，金光灿烂，果然不同于一般牛了。驴子仔细地看了一会儿笑着说："只要舍得破费钱财，就会变成俊物。就是那个懂牛语的介葛芦来了，听到声音也认不出你是牛了。"牛也摇着尾巴自鸣得意。

过了不久，牛身上的花纹脱落了，皮毛又恢复了原来的模样。金钱豹愤怒地说："你这样丑陋，还想跟我联宗，真是玷污了我高贵的家族！"于是把牛赶走了。

亲戚升官了，朋友发迹了，便想方设法与之攀结，妄想别人的光辉能够照亮自己。这种攀高结贵的丑态不但不会为自己赢得荣耀，反倒会招致羞辱，还有更严重的后果，那就是丧命。就像下面这个寓言故事里的老鼠：

从前，有一只老鼠生下了一个漂亮的女儿，老鼠总想把女儿嫁给一个有权势的主儿。它看到太阳很非凡，就巴结太阳说："太阳啊！你多么伟大、能干，万物没有你简直就无法生存，你娶我的漂亮女儿做妻子吧！"

太阳客气地回答："我不行，因为乌云能遮住我，把你的女儿嫁给乌云吧。"

老鼠又去找乌云，老鼠对它说："你娶了我的女儿吧，你有这样神通广大的本领，我真敬慕你。"

乌云说："不行，我没什么本领，我比不上风，风一吹，我就被吹跑了。"

老鼠一听，原来风比乌云更有本领，就找到风，对它说："风啊，我可找到你了，听说你很有本领、有权威，我愿将我美丽的女儿嫁给你。"

风一听这无头无尾的话，紧锁双眉说："谁稀罕你的女儿，你去找墙吧，他比我行！"

老鼠一听，又决定去找墙。墙偷偷地说："我倒是怕你们这些老鼠，你们一打洞，我可就危险了。我不配做你的女婿。"

老鼠一想：墙怕老鼠，老鼠又怕谁呢？它忽然想起了祖宗的古训，老鼠生来是怕猫的。

它就赶紧去找猫，点头哈腰地说："猫大哥，我总算找到你了，你聪明、能干，有本事、有权威，做我的女婿吧！"

猫一听，倒是爽快地答应了："太好了，就把你女儿嫁给我吧！最好今晚就成亲。"老鼠一听，猫大哥真不愧为有魄力、有作为的男子汉，这下总算给女儿找到如意郎君了。

于是喜滋滋地跑回家去，大声对女儿说道："终于给你找到好靠山了，猫大哥最显赫、最有权势，你能享一辈子福了！"

当晚就把女儿打扮起来，请来了一群老鼠仪仗队，打着灯笼、凉伞、旗子，敲锣打鼓，一路上吹吹打打，把女儿用花轿送到了新郎的住地。猫一看，老鼠新娘来了，等轿刚进门，还未等新娘下轿就扑了上去，一口将可爱的新娘吞进肚里去了。

这是普遍存在于我们生活中的一种现象，为了爱慕虚荣而想攀高结贵，却没有弄清楚事情的真相，一味沉浸在虚荣的光环中，而不知道危险已经来到了自己身旁。

第九章 | **爱慕虚荣，只会**
葬送掉真正的幸福

人比人气死人：攀比，使自己活得很累

有一天，一个国王独自到花园里散步，使他万分诧异的是，花园里所有的花草树木都枯萎了，园中一片荒凉。

后来国王了解到，橡树由于没有松树那么高大挺拔，因此轻生厌世死了；松树又因自己不能像葡萄那样结许多果子，也死了；葡萄哀叹自己终日匍匐在架上，不能直立，不能像桃树那样开出美丽可爱的花朵，于是也死了；牵牛花也病倒了，因为它叹息自己没有紫丁香那样芬芳；其余的植物也都垂头丧气，无精打采，只有很细小的心安草在茂盛地生长。

"小小的心安草啊，别的植物全都枯萎了，为什么你这小草这么勇敢乐观，毫不沮丧呢？"国王问道。

"国王啊，我一点也不灰心失望。因为我知道，如果国王您想要一棵橡树，或者一棵松树、一丛葡萄、一株桃树、一株牵牛花、一棵紫丁香，等等，您就会叫园丁把它们种上，而我知道您寄希望于我的就是要我安心做小小的心安草。"小草回答说。

其实，橡树、松树、葡萄产生嫌弃的情绪是因为攀比心理在作祟，它们将自己的不足和他人的优越进行比较，所以产生了不平衡感和失落感。与此类似，在学习、生活和工作中，人们会习惯性地将自己所做的贡献和所得的报酬与别人进行比较。如果这两者之间的比值大致相等，那么彼此就会有公平感；如果

某一方的所得大于另一方，那么另一方就会产生心理失衡。

俗话说，"人比人，气死人"。消除攀比心理很重要的就是要改掉不当的比较方式，不要将眼光盯在比自己优秀的人身上，也要偶尔低下头看看身边那些生活状况不如自己的人。人，要懂得知足。其实，那些表面上看起来好的东西并不见得一定好，好看的鞋子不见得合适，硬是穿上，难受的还是自己。

多用眼睛看看自己，不用羡慕别人

《伊索寓言》中有一个关于乡下老鼠和城市老鼠的故事：城市老鼠和乡下老鼠是好朋友。有一天，乡下老鼠写了一封信给城市老鼠，信上这么写着："城市老鼠兄，有空请到我家来玩，在这里，可以享受乡间的美景和新鲜的空气，过着悠闲的生活，不知意下如何？"

城市老鼠接到信后，高兴得不得了，立刻动身前往乡下。到那里后，乡下老鼠拿出很多大麦和小麦，放在城市老鼠面前。城市老鼠不以为然地说："你怎么能够老是过这种清贫的生活呢？住在这里，除了不缺食物，什么也没有，多乏味呀！还是到我家玩吧，我会好好招待你的。"

乡下老鼠于是就跟着城市老鼠进城去。

乡下老鼠看到那么豪华、干净的房子，非常羡慕。想到自己在乡下从早到晚，都在农田上奔跑，以大麦和小麦为食物，冬天还要不停地在那寒冷的雪地上搜集粮食，夏天更是累得满身大汗，和城市老鼠比起来，自己实在太不幸了。

聊了一会儿，它们就爬到餐桌上开始享受美味的食物。突然，"砰"的一声，门开了，有人走了进来。它们吓了一跳，飞也似的躲进墙角的洞里。

乡下老鼠吓得忘了饥饿，想了一会儿，戴起帽子，对城市老鼠说："乡下平静的生活，还是比较适合我。这里虽然有豪华的房子和美味的食物，但每天都紧张兮兮的，倒不如回乡下吃麦子来得快活。"说罢，乡下老鼠就离开都市回乡下去了。

这则寓言使我们看到，不同个性、习惯的老鼠，喜欢不同的生活方式。即使它们都曾经对不同的世界感到好奇、有趣，但是，它们最后还是都回归到自己所熟悉的世界里。生活中，你是否也曾对别人的生活抱有无限的羡慕，而忘记了自己的可贵。这让人想起"邯郸学步"的可笑，模仿和一味地追随他人，最终连自己也会丢失。每个人都有自己的生存方式，适合自己的才是最好的，切莫去做削足适履的事情。

有这么一个故事：

白云禅师有一次和他的师父方会禅师对坐，方会禅师问："听说你从前的师父茶陵郁和尚大悟时说了一首偈，你还记得吗？"

"记得，记得。"白云答道，"那首偈是：'我有明珠一颗，久被尘劳关锁，一朝尘尽光生，照破山河星朵。'"语气中免不了有几分得意。

方会一听，大笑数声，一言不发地走了。

白云怔在当场，不知道师父为什么笑，心里很愁烦，整天都在思索师父的笑，怎么也找不出他大笑的原因。

那天晚上，他辗转反侧，怎么也睡不着。第二天实在忍不住了，大清早去问师父为什么笑。方会禅师笑得更开心，对着失眠而眼眶发黑的弟子说："原来你还比不上一个小丑，小丑不怕人笑，你却怕人笑。"白云听了，豁然开朗。

身为一个凡人，我们有时比不上一个小丑。很多时候我们就是陷于别人给我们的评论之中。别人的语气、眼神、手势……都可能搅扰我们的心，消灭了我们往前迈进的勇气，甚至成天沉迷在白云式的愁烦中不得解脱，白白损失了做个自由快乐的人的权利。

从前，有一位画家想画出一幅人人见了都喜欢的画。画毕，他拿到市场上去展出。画旁放了一支笔，并附上说明：每一位观赏者如果认为此画有欠佳之笔，均可在画中做记号。

晚上，画家取回了画，发现整个画面都涂满了记号——没有一笔一画不被指责。画家十分不快，对这次尝试深感失望。

画家决定换一种方法去试试。他又摹了同样的画拿到市场展出，可这一次，他要求每位观赏者将其最为欣赏的妙笔都标上记号。当画家再取回画时，他发现画面又涂满了记号——一切曾被指责的笔画，如今却都换上了赞美的标记。

"哦！"画家不无感慨地说道，"我现在发现了一个奥妙，那就是：我们不管干什么，只要使一部分人满意就够了。因为，在有些人看来是丑恶的东西，在另一些人眼里恰恰是美好的。"

众口难调，一味听信于人，便会丧失自己，做任何事都患得患失，诚惶诚恐。这种人一辈子也成不了大事。他们整天活在别人的阴影里，太在乎上司的态度，太在乎老板的眼神，太在乎周围人对自己的态度。这样的人生，还有什么意义可言呢？

每个人都有自己的生活方式，我们不必为那一份没有得到的理解而遗憾叹惜。

幻想里的幸福，并不是真正的幸福

一条鱼，生活在大海里，总感觉没意思，一心想找个机会离开大海。一天，它被渔夫打捞上来，高兴得在网里摇头摆尾，"这回可好啦！总算逃出了苦海，可以自由呼吸了。"乐得直蹦高。

它蹦得的确很高。当听到渔夫与他儿子议论着用什么方法将它烹饪的时候，它重重地摔了下来，很严重，它昏了。

醒来时，发现自己竟仍在水中。一口破旧的水缸，它那身漂亮的斑纹救了它。渔夫决定将它养下，少吃一条鱼实在无所谓，何况它是一条多么美丽的鱼啊！

鱼欢畅地游来游去，在那口破水缸里。缸很小，太小了，可它仍不停地游。一口水缸和一条漂亮的鱼、快乐的鱼。

每天，渔夫总会往水缸里放些鱼虫，鱼很高兴。不停地晃动着身子，展示漂亮的服饰，讨渔夫欢喜。渔夫真的乐了，又撒下一大把鱼虫，鱼大口地吃着，累了则可以停下，打个盹。鱼开始庆幸自己的美妙命运，庆幸现在的生活，庆幸自己一身花衣。想到当初在海中，每天不得不自己出去寻找食物，还得时时提防大敌的突然袭击。那些朋友可能已几天没吃过东西，也可能已成了他人腹中之物。想到这，它大口咽下一群鱼虫，自言自语道：这才是生活。

在它眼中，这分明是一条漂亮鱼应得的待遇。

日子一天一天地过，鱼儿一天一天地游。它似乎有些厌倦，但还是不愿回到大海里。"我是一条漂亮鱼"，它总是这么对自己说。

渔夫要出海了，这次可是出远海，十天半月才能回家，留下儿子一人。第一天，鱼没按时吃到鱼虫。第二天，依然没有吃的，它开始抱怨渔夫儿子这样怠慢一条漂亮的鱼。第三天。它渐渐支持不住，饿得发慌。想到在海中，十天找不到食物，它依然行动敏捷，现在身子是发了福，只是游水的本领大不如前了。第四天，终于有吃的了，不是鱼虫，而是渔夫儿子吃剩的残羹。顾不上嫌弃，鱼大嚼起来。它实在饿得不行了。渔夫的儿子总是隔三岔五地送些残羹，鱼儿抱怨个不停。

终于，消息传来，渔夫出海遇难了。渔夫的儿子收拾了东西搬走了，什么都带上，只忘了那条漂亮的鱼。鱼在缸里大喊："嗨！带上我，别丢下我！"没人理它。

四周静悄悄的，只剩下一口破水缸，一条漂亮的鱼。

鱼很悲伤。想到昔日渔夫待它实在不薄，现在却遇难身亡；想到自己今后无人照料，困于水缸。

　　鱼抱怨，抱怨水缸太小，抱怨伙食太差，抱怨渔夫的儿子对它无礼，抱怨渔夫轻易出海，甚至抱怨它决意离开大海时伙伴们为何不加劝阻，抱怨它所认识的一切，只忘了抱怨它自己。

　　它又开始幻想。一个富商路过此处，发现一条漂亮的鱼，于是把它小心地收好，养在家中的大水塘里，每天都有可口的鱼虫……

　　太阳升起来了，四周静悄悄的，只剩下一口破水缸。一条漂亮的鱼，死鱼。真的，很漂亮。

　　生活就是这样，你可以选择在属于你自己的空间里自由翱翔。任何爱慕虚荣，幻想在别人的世界里幸福的人，永远找不回自己真正的生活，也就将被生活的波浪淘汰。

条条道路通罗马，只有虚荣是条死胡同

　　要想在世上寻找一个毫无虚荣的人，就和要寻找一个内心毫不隐藏低劣感情的人一样困难。其实，虚荣不过是人们想借它来遮掩他们低劣的心理罢了。

　　说起来，现实中你也许把非常多的时间用在了努力征得他人的同意上，或者说用在了担心他人不同意你做的那些事情上。如果他人的赞同或同意成了你生命中的"必需"，那么，你又多了一件要干的事。你可能开始时认为，我们都喜欢掌声、恭维和表扬。别人拍我们的马屁时，我们感觉都非常好。谁不愿意被人奉承、恭维呢？没有必要不允许人们这样做。他人的赞同本身并没有害处，事实上，谄媚使人感到愉悦。寻求他人的赞许只有在它成了一种必需而非一种渴望的时候才是一种误区，才成为一种爱慕虚荣的表现。

　　如果你渴望他人的赞许或同意，那么，一旦获得了他人的认可，你就会感到幸福、快乐。但是，如果你陷入这种无法摆脱的虚荣之中，那么，一旦没有

得到它，你就会感到身价暴跌。这时候，自暴自弃的因素就会潜入进来。同样，一旦征求他人的同意成了你的一种"必需"，那么，你就把你自己的一大部分交给了"外人"。在爱慕虚荣心理的驱使下，为得到他人的认可，"外人"的任何主张你都必须听从，甚至在很小的事情上。如果"外人们"不同意你，你就不敢轻举妄动。在这种情况下，虚荣心使得你选择的是让他人去申诉你的尊严或留给你面子。只有当他们给予你表扬时，你才会感觉良好。

这种征得他人同意的虚荣心极其有害，但是，真正的麻烦随着事事必须请示他人而来。如果你果真携有这样一种虚荣心，那么，你的人生就注定会有许多痛苦和挫折。而且，你会感到自己的自我形象是软弱无力的，是没有社会地位的。

如果你想获得个人的幸福，你必须将这种征得他人同意的虚荣心从你的生命中根除掉。这种虚荣心是心理上的死胡同，绝不可能使你从中得到任何好处。

虚荣的圈子是整个儿的，自古到今，人类的舞台都在上演着虚荣的故事。白种人自夸他比全世界有色人种都优胜；男人自夸他比一切女人都荣幸；美国人向德国人自夸；德国人向波兰人吹牛；波兰人向匈牙利人逞强；而匈牙利人以为他比蒙古人厉害；蒙古人也不肯示弱，因为他们的祖先曾经征服过中国；最后，中国人也提出自己的古代文明，自觉比崇拜机器和金钱的美国人实在高尚得多。无怪乎敏感的诗人要说："虚荣，虚荣，世界上一切都是虚荣！"

虚荣是一种特性，是取攻势不取守势的，所以虚荣的人，不但会拿利刃刺向自己，而且还会把利刃掉转头去，去刺别的人。所以凡是虚荣的人，他们周围便都是他们的仇敌，因此他享受不到生活上互助的快乐。

由于虚荣引发的竞争惨剧，是最不幸最恶劣的事。人们因虚荣的竞争而送掉性命的惨例是举不胜举的，而虚荣的人能够永远维持他的虚荣的例子却屈指可数！凡虚荣的人，他总有一天，会和他的邻人、同事、老婆、儿女，甚至不知虚荣为何事的自然界发生冲突，最后一败涂地。虚荣虽然可以自欺欺人，但它欺骗不了自然。虚荣是对自然的一种侮辱，但自然是不容任何侮辱的。

人类的虚荣之心，已经是根深蒂固，难以铲除的了。自古以来，许多哲学家、宗教家都曾提出警告，还加以道德的攻击，然而都无用，它不但不曾因此而稍减其威，而且越来越猖獗了。要想从根本上解决人类的虚荣问题，根本不在如何破坏它，而在于如何改善它，诱导它走向有用的方面去。倘有人因为有钱而虚荣，只要告诉他，把他的钱拿出来经营一种事业，使人类的生活多一种安全的保障，那么，便可以得到人们的原谅了。总而言之，虚荣只要用到对人类社会有利的路上去，它就不但无害，而且有益。

用别人的羽毛装扮自己，只会惹人嘲笑

有这样一个寓言故事：

一天，森林女神通知所有的鸟儿，她准备在第二天选出一只最漂亮的鸟儿，并让她当鸟王。这下森林里热闹起来，鸟儿们都不甘示弱，叽叽喳喳地夸耀自己的美丽。

在众鸟当中，只有乌鸦默不作声，悄悄地躲在一旁，因为他是大家公认的最丑的鸟儿，一身乌黑，羽毛一点儿也不鲜艳。可是，乌鸦的虚荣心特别强，他禁不住鸟王宝座的诱惑，他要想尽一切办法争取做最漂亮的鸟儿。

乌鸦想啊，想啊，终于想到了一个好办法。他向每只鸟儿要一根羽毛，起初，鸟儿们不肯给，担心这样做有损自己的美丽形象，后来在乌鸦的一再恳求下才勉强答应。乌鸦回到窝里，拿来黏液，把这些色彩缤纷的羽毛粘在自己身上。

第二天，所有的鸟儿们梳洗打扮得漂漂亮亮，聚集在森林女神周围。

女神秉着公平公正的原则，仔仔细细地看每一只鸟，逐个进行比较。最后，女神指着乌鸦说："大家看，他身上具有所有鸟儿羽毛的颜色，他是最漂亮的

鸟儿。从现在起，他就是鸟王。"鸟儿们看见了，也都禁不住啧啧赞叹起来。

从没听过这般赞美的乌鸦，竟忍不住得意地"呱呱"地叫起来。这下鸟儿们都听出来了，原来是乌鸦啊！难怪他昨天向我们要羽毛，真是可恶！

愤怒的鸟儿们将乌鸦团团围住，你一口，我一口，把自己的羽毛都啄回来，乌鸦马上原形毕露了。

乌鸦羞得满脸通红，赶紧转身飞走了。

乌鸦陶醉在女神编织的"美丽的梦"中，即评选鸟王，所以，他苦思冥想，终于想到了一个一举夺魁的方法——将其他鸟儿的羽毛粘在自己身上。方法虽然可行，却因为乌鸦一时大意露出马脚，最后落荒而逃。为满足自己的虚荣心，乌鸦的乔装打扮不但没得到别人的尊重和推崇，反而招致别人的反感和敌意。

在心理学上，像乌鸦一样，企图在各方面胜过他人，以夸大自己在别人眼里的价值的方式来表现自己的强大，这种行为就是虚荣。虚荣心强的人，在思想上会不自觉地渗入自私、虚伪、欺诈等因素，这与谦虚谨慎、光明磊落、不图虚名等美德是格格不入的。虚荣的人为得到表扬才去做事，对表扬和成功沾沾自喜，甚至不惜弄虚作假。他们对自己的不足想方设法遮掩，不喜欢也不擅长取长补短。

在强烈的虚荣心驱使下，有些人只追求面子上的风光，不顾现实条件，最后造成危害。有时会产生可怕的动机，带来极为严重的后果。因此，虚荣心要不得，应当努力克服掉。

生活中，我们要正确地评价自身，调整心理需求。在某种时期或某种条件下，有些需要合理，有些需要不合理。例如，对于一名学生来说，对正常营养的需要就合理，而不顾家庭情况摆阔的需要就不合理。对于干净整洁、符合学生身份的服装的需要就合理，而为了赶时髦，过分关注容貌而去浓妆艳抹、穿金戴银的需要就不合理。人要懂得自己需要什么，而不是炫耀什么，唯有此，才可能逐渐摆脱虚荣的阴影。

大家都是人，别太把自己当回事

有一次，剧作家普契尼到斯卡拉剧院看他的新歌剧《托斯卡》上演。他注意到观众对戏的赞誉很高，十分得意。"您为什么不鼓掌？您不喜欢这个戏吗？"邻座一位陌生妇女问道。

"哦，不太喜欢。"普契尼答道，他对所碰到的际遇感到很有趣。"戏里有些地方对位写得不够清楚。"

"那有什么关系，作者有权创新。"妇人反驳道。

"可能……不过最坏的是模仿。您没听出有些曲调是受威尔第的影响吗？"

"这只不过是继承意大利的传统。"妇人不服地说。

"我不这样认为。此外，合唱太拖拉了，应该更轻巧、生动些。"

"您真这样认为吗？"

"当然。"

第二天，普契尼打开报纸，一个标题映入眼帘：《普契尼关于他的"托斯卡"的谈话》。使他大吃一惊的是，文章把他故作谦虚说的有关此剧的评论几乎只字不漏地刊登出来。他万万没想到，剧院中坐在他身旁的妇女竟是米兰最畅销的报纸的评论家。

可以说，故作谦虚其实是骄傲的另一种表现。表面上看似乎是谦卑的语言，实际上是面子心理的影射。正如一位哲学家所说的，"勇敢其实是恐惧的影子而已"，故意表现出来的谦虚，恰恰只是骄傲的"影子"。这对于某些有成就的人来说，是很容易犯的一种错误。偶尔的时候，他们心底里总是为自己的名誉、身份等感到自豪，甚至骄傲。只是有些人故意表现去谦虚，有些人却表现去骄傲而已。

其实，不管是骄傲也罢，还是故作谦虚也罢，都是虚荣的一个表现。虚荣是人性中的一个顽固的点。明星因自己的特殊身份而不可一世，处处想要特殊待遇，而恰恰也有一群所谓的追星族为能与明星见面而自感无上光荣。可是，人与人之间又有什么差别呢？有时候，真的别太把自己当回事，毕竟大家都是人。

完全消除需要得到赞许的心理

毫无疑问，你要在生活中有所作为，就必须完全消除需要得到赞许的心理！因为需要赞许的心理，虽会让你的面子增色不少，却是精神上的死胡同，它绝不会给你带来任何益处。

一位名叫奥齐的中年人，对于现代社会的各种重大问题都有着自己的一套见解，如人工流产、计划生育、中东战争、水门事件、美国政治，等等。每当自己的观点受到嘲讽时，他便感到十分沮丧。为了使自己的每一句话和每一个行动都能为每一个人所赞同，他花费了不少心思。他向别人谈起他同岳父的一次谈话。当时，他表示坚决赞成无痛致死法，而当他察觉岳父不满地皱起眉头时，便几乎本能地立即修正了自己的观点："我刚才是说，一个神志清醒的人如果要求结束其生命，那么倒可以采取这种做法。"奥齐在注意到岳父表示同意时，才稍稍松了一口气。

他在上司面前也谈到自己赞成无痛致死法，然而遭到了强烈的训斥："你怎么能这样说呢？这难道不是对上帝的亵渎吗？"奥齐实在承受不了这种责备，便马上改变了自己的立场："……我刚才的意思只不过是说，只有在极为特殊的情况下，如果经正式确认绝症患者在法律上已经死亡，那么才可以截断他的输氧管。"最后，奥齐的上司点头同意了他的看法，他又一次摆脱了困境。

当他与哥哥谈起自己对无痛致死的看法时，哥哥马上表示同意，这使他长长地出了一口气。

　　他在社会交往中为了博得他人的欢心，甚至不惜时时改变自己的立场和观点。就个人思维而言，奥齐这个人是不存在的，所存在的仅仅是他人做出的一些偶然性反应；这些反应不仅决定着奥齐的感情，还决定着他的思维和言语。总之，别人希望奥齐怎么样，他就会怎么样。

　　现实生活中，这样的人和事也不少。有一个做秘书的，领导让他看一篇报告写得如何。他看过后来汇报："我认为写得还不错。"领导摇了摇头。秘书赶快说："不过，也有一些问题。"领导又摇摇头。秘书说："问题也不算大。"领导又摇摇头。秘书说："问题主要是写得不太好，表述不清楚。"领导又摇摇头。秘书说："这些问题改改就会更好了。"领导还是摇头。秘书说："我建议打回这个报告。"这时领导说："这件新衬衣的领子真不舒服。"

　　一旦寻求赞许成为一种需要，做到实事求是几乎就不可能了。如果你感到非要受到夸奖不行，并常常做出这种表示，那就没人会与你坦诚相见。同样，你不能明确地阐述自己在生活中的思想与感觉，你会为迎合他人的观点与喜好而放弃你的自我价值。

　　人在生活中必然会遇到大量反对意见，这是现实，是你为"生活"付出的代价，是一种完全无法避免的现象。

第十章 | **超越面子哲学，**
追求更高境界

勤俭并不丢人，浪费才是可耻

悉尼奥运会上曾经举办过一个以"世界传媒和奥运报道"为主题的新闻发布会，在座的有世界各地传媒大亨和记者数百人。

就在新闻发布会进行之中，人们发现坐在前排的炙手可热的美国传媒巨头NBC（美国全国广播公司的简称）副总裁麦卡锡突然蹲下身子，钻到了桌子底下，他好像在寻找什么。大家目瞪口呆，不知道这位大亨为什么会在大庭广众之下做出如此有损自己形象的事情。

不一会儿，他从桌下钻出来，手中拿着一支雪茄。他扬扬手中的雪茄说："对不起，我到桌下寻找雪茄，因为我的母亲告诉我，应该爱护自己的每一个美分。"

在国人的传统意识里，麦卡锡的所为是很没面子的一件事，因为他是一个亿万富翁，有难以计数的金钱，他可以挥金如土，可以买到一切可以用钱买到的东西，一支雪茄对于他来说简直微不足道。如果照他的身份，应该不理睬这根掉到地上的雪茄，或是从烟盒里再取一支，但麦卡锡给了我们第三种令人意料不到的答案。

该"吝啬"的时候，绝不随便花掉任何一分钱，是高超的理财之道，和面子绝无关系。英国女王伊丽莎白在这方面也为我们树立了一个榜样。伊丽莎白二世比达拉斯或阿拉伯的任何石油富豪和巨贾更为富有，据说，她的财产价值不下 25 亿英镑。虽然如此富有，女王仍然十分注意节约。有句英国谚语常挂在女王嘴边："节约便士，英镑自来。"

在白金汉宫，不仅照明，而且供暖也是保持在最低限度，因为女王用小电炉来暖和宽敞的大厅。应邀到郊外农村的皇家住宅做客的人，被告知需带毛衣，因为那里"暖气并非整天24小时都供"；而且还请应邀者自带酒去，因为"我们并不是大酒鬼"。

皇宫里相当部分的家具已经"老掉牙了"，几乎要散架了。自维多利亚女王时代以来，皇宫里的家具从未更新过。当参观皇宫者看到经过修补的沙发和地毯、已经很不像样的挂毯、满是灰尘的书房时，无不为之惊叹。

女王坚持皇家只用上面印有盖尔斯王子纹章的特制牙膏，因为这种牙膏可以挤到一点也不剩下。女王如果看见掉在地上的一根绳子或带子，也要捡起来塞进口袋里，可能在什么时候这些东西会有用场。女王很喜欢马，但在马厩里，马不再睡在草上，而是睡在旧报纸上，因为干草太贵。

女王自己以身作则，同时要求其家人也要按节约精神办事。就是她的丈夫菲利普，钱包也是抠得紧紧地。看到饭馆里酒价飞涨，到了圣诞节，他请宫廷人员在一家豪华旅馆里吃饭时，他便自己准备了一些酒带去。

节俭对任何人来说都是一个必不可少的德行。然而，浅薄的人可能会轻视它。一分钱虽然微不足道，然而，无数家庭的幸福正是建立在对每一分钱的合理使用和节省的基础之上的。

这一点，对于死要面子、追求奢靡生活的人来说，具有很大的启示作用。

托尔斯泰虽然很有名，又出身贵族，却喜欢和平民百姓在一起，与他们交朋友，从不摆大作家的架子。

一次，他在长途旅行时，路过一个小火车站。他想到车站上走走，便来到月台上。这时，一列客车正要启动，汽笛已经拉响了。托尔斯泰正在月台上慢慢走着，忽然，一位女士从列车车窗里冲他直喊："老头儿！老头儿！快替我到候车室把我的手提包取来，我忘记提过来了。"

原来，这位女士见托尔斯泰衣着简朴，还沾了不少尘土，便把他当作车站的搬运工了。

托尔斯泰赶忙跑进候车室拿来提包，递给了这位女士。

女士感激地说："谢谢啦！"随手递给托尔斯泰一枚硬币，"这是赏给你的。"

托尔斯泰接过硬币，瞧了瞧，装进了口袋。

正巧，这位女士身边有个旅客认出了这个风尘仆仆的"搬运工"就是托尔斯泰，就大声对女士叫道："太太，您知道您赏钱给谁了吗？他就是列夫·托尔斯泰呀！"

"啊！老天爷呀！"女士惊呼起来，"我这是在干什么事呀！"她对托尔斯泰急切地解释说："托尔斯泰先生！托尔斯泰先生！看在上帝面儿上，请别计较！请把硬币还给我吧，我怎么会给您小费，多不好意思！我这是干出什么事来啦。"

"太太，您干吗这么激动？"托尔斯泰平静地说，"您又没做什么坏事！这个硬币是我挣来的，我得收下。"

汽笛再次长鸣，列车缓缓启动，带走了那位惶惑不安的女士。

托尔斯泰微笑着，目送着列车远去，又继续他的旅行了。

越是伟大的人越谦和

著名的记者、作家梁厚甫 20 多年来一直住在美国，这期间，他有过三次奇遇。

一次是他去见大通银行的总裁，总裁在开会，他就坐等。不久，当地的工务局长来了，先到负责约会的银行女秘书面前说了几句话，显得急不可待。女秘书低声说了几句，那局长就走到梁厚甫身边，说今天是他们发工资的日子，而政府的拨款还没到，他得赶快和银行总裁商量，因此请梁厚甫通融通融，让他先见总裁。梁厚甫同意了,对方十分感谢,后来两人还成了朋友。

梁厚甫因此有感:如果不是在美国而是在别的地方,那女秘书一定带了局长从另一道门先去见银行总裁了!

另一次是他从华盛顿市区坐公共汽车去机场。上车坐下后,又上来一人坐在他旁边,他觉得此人面善,想了想,想起是大通银行的董事长大卫·洛克菲勒,再看他的手提包,没错,上面有 GR 两个字母。梁厚甫惊奇的是:像洛克菲勒这样的富豪是有专机的,但他们也有不搭专机,不要前呼后拥,而是轻车简从的时候,一点也没有架子!

还有一次是在纽约第 45 街的咖啡室吃汉堡包,来了一个老人坐在他旁边,他一看就认出那是前美国驻苏大使、现任哈里曼公司董事长的哈里曼,是美国八大家族的富豪之一,也是来吃汉堡包的,哈里曼还告诉梁厚甫,一个星期中他有三次来这小地方午餐。两人谈得投机,后来又在那地方见了几次面。上小餐室,和素昧平生的人交朋友,这也使梁厚甫深深地感到:哈里曼完全没有架子!

事实上,越是伟大的人物越谦逊,他们不会因为"面子"而显得飞扬跋扈,而他们越是谦逊世人就越觉得他们伟大。在谦逊为人、不摆架子方面,美国第 16 任总统林肯堪称典范。在林肯的故居里,挂着他的两张画像,一张有胡子,一张没有胡子。在画像旁边的墙上贴着一张纸,上面歪歪扭扭地写着:

亲爱的先生:

我是一个 11 岁的小女孩,非常希望您能当选美国总统,因此请您不要见怪我给您这样一位伟人写这封信。

如果您有一个和我一样的女儿,就请您代我向她问好。要是您不能给我回信,就请她给我写吧。我有四个哥哥,他们中有两人已决定投您的票。如果您能把胡子留起来,我就能让另外两个哥哥也选您。您的脸太瘦了,如果留起胡子就会更好看。所有女人都喜欢胡子,那时她们也会让她们的丈夫投您的票。

这样，您一定会当选总统。

格雷西

1860 年 10 月 15 日

在收到小格雷西的信后，林肯立即回了一封信。

我亲爱的小妹妹：

收到你 15 日的来信，非常高兴。我很难过，因为我没有女儿。我有三个儿子，一个 17 岁，一个 9 岁，一个 7 岁。我的家庭就是由他们和他们的妈妈组成的。关于胡子，我从来没有留过，如果我从现在起留胡子，你认为人们会不会觉得有点可笑？

忠实地祝愿你

亚·林肯

第二年 2 月，当选的林肯在前往白宫就职途中，特地在小女孩的小城韦斯特菲尔德车站停了下来。他对欢迎的人群说，"这里有我的一个小朋友，我的胡子就是为她留的。如果她在这儿，我要和她谈谈。她叫格雷西。"这时，小格雷西跑到林肯面前，林肯把她抱了起来，亲吻她的面颊。小格雷西高兴地抚摸他又浓又密的胡子。林肯对她笑着说："你看，我让它为你长出来了。"

人常说，看一个人是否伟大，看他对待小人物的态度就行了。真正伟大的人，总具有宽广的胸怀，他们从不会被面子心理所左右，他们的处世方式就像才女张爱玲所写的："谦卑到泥土里，然后再开出鲜艳的花朵……"

善待你的对手，就是对自己的尊重

对手，是同"剧组"的搭档。人生在世能够互成对手，也是一种缘分，仿佛同一个分数中的分子、分母。如此说，结局往往只有赢多赢少之别，并无绝对胜败之分。角色有主有次，登台有先有后，掌声有多有少，但彼此相依，缺了谁戏都演不成。同在一个领导班子中也如此，携手共进，共创佳绩，方可交相辉映。倘若相互拆台，要么被赶出"剧组"，要么大家偃旗息鼓，落得个一损俱损。

孟子说："出无敌国外患者，国恒亡。"奥地利作家卡夫卡说："真正的对手会灌输给你大量的勇气。"善待你的对手，方尽显品格的力量和生存的智慧。

1936年，举世瞩目的奥运会在柏林举行。当时正是法西斯势力猖狂的年代，希特勒想借奥运会来证明雅利安人种的优越。

当时田径赛的最佳选手是美国的杰西·欧文斯，在纳粹一再叫嚣把黑人赶出奥运会的声浪下，欧文斯仍鼓足勇气报名参加此次运动会的100米跑、200米跑、4×100米接力和跳远比赛。在这4个项目中，德国只在跳远项目上有一位优秀选手可与欧文斯抗衡，他就是鲁兹·朗。希特勒亲自接见鲁兹，要他一定击败欧文斯——黑种人的欧文斯。

跳远预赛那天，希特勒亲临观战。鲁兹顺利地进入决赛。轮到欧文斯上场了，但场外种族歧视的声音使他很紧张。他第一次试跳便踏线犯规；第二次他为了保险起见离起跳板很远的地方便起跳了，结果成绩非常糟糕；还有最后一跳，欧文斯一次次起跑，一次次迟疑，不敢完成最后的一跳。

这时希特勒退场了，他认为这个低劣的黑种人已经没有任何机会。在希特勒退场的同时，鲁兹走近欧文斯。他用结结巴巴的英语对欧文斯说，他去年也曾遇到同样的情形，结果只用了一个小窍门就解决了。鲁兹取下欧文斯的毛巾放在起跳板后数英寸处，说起跳时注意那个毛巾就不会有太大的误差了。欧文斯照做，结果几乎破了奥运会纪录。

几天后决赛，鲁兹率先破了世界纪录，但随后欧文斯以微弱的优势战胜了他。贵宾席上的希特勒脸色铁青，看台上本来民族情绪高昂的德国观众也变得情绪低落。这时鲁兹拉住欧文斯的手，一起来到聚集了12万德国人的看台前，他将欧文斯的手高高举起，高声喊道："杰西·欧文斯！杰西·欧文斯！……"看台上先是一阵难耐的沉默，然后是突然爆发的齐声呼喊："杰西·欧文斯！杰西·欧文斯！……"欧文斯举起另一只手来答谢。等观众安静下来以后，欧文斯举起鲁兹的手，竭尽全力地喊道："鲁兹·朗！鲁兹·朗！……"全场观众也同时响应："鲁兹·朗！鲁兹·朗！……"没有诡谲的政治，没有种族的歧视，没有狭隘的嫉妒，选手和观众都沉浸在君子之争的感动之中。

欧文斯创造的世界纪录保持了24年，他在那届奥运会上荣获了4枚金牌，被誉为世界上最伟大的运动员之一。多年后欧文斯在回忆录中真诚地说，他所创的世界纪录终究会被打破，但鲁兹高高举起他的手的那一幕会永远被历史牢记。

在欧文斯被载入史册的同时，鲁兹也被载入了史册。所不同的是，欧文斯的荣誉来自于运动场内，是对他展示人类征服自然的能力的褒奖；而鲁兹的荣誉则来自于运动场外，是对他展示人类心灵之美的褒奖。

由此不难看出，善待对手于他人有益，对自己亦有利。

有时候，表面上看来，我们从对手身上得到的学习机会没有那么直接、明显，然而，仅仅是承受他带给我们的压力，就已是很宝贵的机会，可以对我们的成长起到很大的助益。不要随便把对手视为敌人或仇人，糅入太多情绪化的东西，只有这样，我们才可以冷静地观察对方，客观地审视自己。也唯有这样，才能在与对手交手的过程中学到东西。

然而，很多人无法这样看待对手。由于对手和敌人往往只有一线之隔，甚至是一体两面，因而对手也很容易被引申成仇人。很多人会带着各种情绪来看待对手，经常会这样想：敌人和仇人当然是不好的，哪有向他们学习的道理？

不少人在碰到对手的时候，首先是不屑一顾（觉得对手的实力不过如此），接下来是愤怒（发现这不怎么样的人竟然有很多人喜欢，还威胁甚至超越自己），最后则是不允许别人在面前提到对手的只言片语。

其实，越是敌人和仇人，可以学的东西才越多。对方要消灭你，一定是倾巢而出，精锐毕至。他们使出浑身解数的时候，也就是传授你最多招数的时候（敌人为了激怒你、伤害你而使出的一些下三烂手段，就是任何其他老师所不能教你的）。所以，如果你有个很强的对手，你应该从心底欢喜。就像每天要照照镜子一样，你每天都要仔细盯紧这个对手，好好欣赏他，好好向他学习。而最好的学习，永远来自于你和他交手、被他击中的那一刻。

一种动物如果没有对手，就会变得死气沉沉。同样，一个人如果没有对手，那他就会甘于平庸，养成惰性，最终庸碌无为。

有了对手，才会有危机感，才会有竞争力。有了对手，你便不得不奋发图强，不得不革故鼎新，不得不锐意进取，否则，就只有等着被吞并、被替代、被淘汰。

许多人都把对手视为心腹大患，是异己，是眼中钉、肉中刺，恨不得马上除之而后快。其实只要反过来仔细一想，便会发现拥有一个强劲的对手，反倒是一种福分、一种造化。

善待你的对手吧！有时候，将我们送上领奖台的，不是我们的朋友，而恰恰是我们的对手。

让人高贵的不是荣誉，而是人格

虚荣也许可以给你带来一时的光荣，却不会带来长久的美丽。

从前有个猎人，射箭的技巧非常精湛，每次村里的年轻人一同外出打猎，他猎到的动物都最多，大伙儿便封了他一个头衔，叫"猎王"。猎王原来用的那把弓，外表平实，很不起眼，有了猎王的头衔以后，他心想："我的身价已经跟以前大不相同了，如果再用这把难看的弓，一定会遭人笑话。"于是便把旧弓丢弃了，另外找人制造了一把新弓，上面雕刻了非常精致的花纹，每个人见了都忍不住要摸一摸，称赞几句。猎王更得意了。有一天，村子里举行射箭比赛，猎王带着美丽的新弓，很神气地到达比赛地点。等轮到猎王出场时，大伙儿都鼓掌喝彩，准备看他一显身手。只见猎王张弓搭箭，才将弦一拉紧，那美丽的雕花弓竟然当场折断了。在场的人个个哄堂大笑，猎王面红耳赤，一时羞窘得说不出话来。

虚荣是人性中一个根深蒂固的元素。它常常迷惑人的眼睛与心灵，使人们为了追求事物的外在表现而进行精心雕琢，巧妙配饰，以期得到更加美丽的效果。但事实往往并不随心所愿，对外表的关注使得对内在的注重不再严格，渐渐地忘记了该事物的本来用途，使它慢慢丧失了它本应有的作用。

能够超越自己，不在名誉和虚浮的尘世里挣扎，并彻底摆脱面子心理的捆绑，活出人格的品位和心灵的高度，这样的人最值得我们去钦佩。

1920年5月的一个早晨，一位叫麦隆内夫人的美国记者，几经周折终于在巴黎实验室里见到了镭的发现者、端庄典雅的居里夫人与异常简陋的实验室，这给这位美国记者留下了深刻印象。此时，镭问世已经18年了，它当初的身价曾高达75万金法郎。美国记者由此推断，仅凭专利技术，应该早使眼前这位夫人富甲一方了。

但事实上，居里夫妇也正是在18年前就放弃了他们的权利，并毫无保留地公布镭的提纯方法。居里夫人的解释异常平淡："没有人应该因为镭致富，它是属于全人类的。"

麦隆内夫人困惑不解地问："难道这个世界上就没有你最想要的东西吗？"

"有，1克镭，以便我的研究。可是18年后的今天我买不起，它的价格太贵了。"

这出乎意料的回答，使麦隆内夫人既感惊讶又非常不平静。镭的提纯技术已使世界各地的商人腰缠万贯，而镭的发现者却困顿至此！她立即飞回美国，打听出 1 克镭在美国当时的市价是 10 万美元，她便先找了 10 个女百万富翁，以为同是女人又有钱，她们肯定会解囊相助。万万没想到却碰了壁。这使麦隆内夫人意识到，这不仅仅是一次金钱的需求，更是一场呼唤公众理解科学、弘扬科学家品格的社会教育。于是，她在全美妇女中奔走宣传，最终获得成功。1921 年 5 月 20 日，美国总统将公众捐献的 1 克镭赠予居里夫人。

数年之后，当居里夫人在自己的祖国波兰华沙创设一个镭研究院治疗癌症的时候，美国公众再次为她捐赠了第 2 克镭。

一些人认为，居里夫人在对待镭的问题上固执得让人难以理解，在专利书上签个字，所有的困难不是可以解决了吗？居里夫人在后来的自传中回答了这个问题："他们所说的并非没有道理，但我仍相信我们夫妇是对的，人类需要善于实践的人，他们能从工作中取得极大的收获，既不忘记大众的福利，又能保障自己的利益。但人类也需要梦想者，需要醉心于事业的大公无私。"

居里夫人一生拥有过 3 克镭，她把研究出的第 1 克镭给了科学，公众把第 2 克镭和第 3 克镭回赠给了她，这 3 克镭展示了一个科学家伟大的人格和由此唤起的公众对科学的理解。

一个人在科学上取得杰出的成就是令人敬仰的，不计名利、醉心于事业的大公无私品格更值得尊重，这较于那些爱面子心理驱使千方百计去钻营的人，已然处在历史荣誉之碑的最耀目之处。

活在自己的世界里，做自己爱的事情

塞林格是美国当代最负盛名的小说家，他的《麦田里的守望者》被认为是美国文学的"现代经典"，总销售量已超过千万册。

换作其他一些人，或许会是穿华衣、吃美食、坐豪车、娶名妻，极尽张扬。然而，塞林格走的是一条完全相反的道路。他退隐到新罕布什尔州乡间，在河边小山附近买了90多英亩土地，在山顶筑一座小屋，周围种上许多树木，外面拦上6米半高的铁丝网，网上还装有警报器。每天8点半带了饭盒入内写作，下午五点半才出来，家里任何人不准打扰他，如有要事，只能电话联系。

他平时深居简出，偶尔去小镇购买书刊，有人认出他，他马上拔腿就跑。他不喜欢过多的社交，有人登门造访，得先递上信件或便条；如果来访者是生客，就拒之门外。他更不喜欢自造舆论，成名后，只回答过一个记者的问题，那是一个16岁的女中学生，为给校刊写稿特地去找他的。

塞林格是值得我们尊敬的。一个人在没有能力获得享受时主动放弃享受，并不是一件怎么了不起的事，难就难在当享受唾手可得，却不向它投降，自觉地坚守自己的生命目标。正是这种视创造为生命、鄙视享乐的性格使塞林格的作品保持了持久的艺术魅力，他的作品哪怕是一个短篇，一经发表，马上就会引起轰动。

塞林格给大家展示的人格魅力是让人感慨的，考验一个人困境固然可以，但顺境更能彰显人的志趣、美德和操守。塞林格有足够的条件让自己风光地生活，他也有选择享乐的权利，但他还是选择了节制的生活，远离了喧嚣与繁华。

相比之下，日本作家川端康成成名之后的做法却让人惋惜不已。川端康成自获诺贝尔奖之后，受盛名之累，常被官方、民间，包括电视广告商人等，拉着去做这做那。文人难免天真、不擅应酬、心慈面软、不会推托，做事又过于认真、不懂敷衍，于是陷入忙乱的俗事重围，不知如何解脱，终于自杀，了此一生。据报道，川端康成临终前，曾为筹措笔会经费而心力交瘁。心情十分低落，可能是促使他厌世自杀的原因之一，这应当不是妄测之词。

固然，对一位作家来说，能获得诺贝尔奖，这口井已经算是凿得够深了。但如果他不被卷入使自己倦烦不堪的琐事，而能依然宁静度岁，以他东方式的丰富晶莹的智慧，或可以有更具哲理的创作流传于世。

《湖滨散记》的作者梭罗，为了要写一本书，而去森林中度过两年隐士生活。自己种豆和玉蜀黍为食，摆脱了一切剥夺他时间的琐事俗务，专心致志，去体验林间湖上的景色和他心灵所产生的共鸣，从中发现了许多道理，而完成了这本名著。

常有人叹息生活忙乱，负担沉重。

当然，人生有许多推不开的负担，但是，在这些负担之中，有许多是不必要的。由于太贪多、太求全或太急切反而使自己顾此失彼。

许多人在除了自己分内该忙的事情外，更要忙些不该忙的。如忙应酬，忙为了增加物质享用或虚荣而去赚钱，忙着奔走钻营追求地位。对自己已经着手的工作易失去兴趣，因而时常见异思迁。

"能者多劳"，是对一个有才干的人的赞誉，却也是对他的一种悲悯。

不言而喻，一个人的精力与时间有限，在有生之年，把握住自己真正的志趣与才能所在，专一地做下去，才可能有所成就。不但要有魄力，而且要有判断力，摆脱其他事务的诱惑，不为一切名利权位等虚荣而中途改道。这样，才能促成一个人事业的辉煌。

"自然"，是一个人最好的化妆

作家卡尔遇到了一位著名的化妆师，她是真正懂得化妆而又以化妆闻名的。

对于这生活在与自己完全不同领域的人，卡尔增添了几分好奇，因为在他的印象里，化妆再有学问，也只是在皮相上用功，实在不是有智能的人所应追求的。

因此，他忍不住问化妆师："你研究化妆这么多年，到底什么样的人才算会化妆？化妆的最高境界到底是什么？"

对于这样的问题，这位年华已逐渐老去的化妆师露出一个深深的微笑。她说："化妆的最高境界可以用两个字形容，就是'自然'，最高明的化妆术，是经过非常考究的化妆，让人家看起来好像没有化过妆一样，并且这化出来的妆与主人的身份匹配，能自然地表现出那个人的个性与气质；次级的化妆术，是把人凸显出来，让她醒目，引起众人的注意；拙劣的化妆术，是一站出来别人就发现她化了很浓的妆，而这层妆是为了掩盖自己的缺点或年龄的；最坏的一种化妆术，是化过妆以后扭曲了自己的个性，又失去了五官的协调，例如小眼睛的人竟化了浓眉，大脸蛋的人竟化了白脸，阔嘴的人竟化了红唇……"

化妆师见卡尔听得出神，继续说："这不就像你们写文章一样？拙劣的文章常常是词句的堆砌，扭曲了作者的个性；好一点的文章是光芒四射，吸引了人的视线，但别人知道你是在写文章；最好的文章，是作家自然地流露，他不堆砌，读的时候不觉得是在读文章，而是在读一个生命。"

"这是非常高明的见解！可是，到底做化妆的人只是在表皮上做功夫！"卡尔感叹地说。

"不对的，"化妆师说，"化妆只是最末的一个枝节，它能改变的事实很少；深一层的化妆是改变体质，让一个人改变生活方式；睡眠充足、注意运动与营养，这样她的皮肤改善、精神充足，比化妆有效得多；再深一层的化妆是改变气质，多读书、多欣赏艺术、多思考、对生活乐观、对生命有信心、心地善良、关怀别人、自爱而尊严，这样的人就算不化妆也丑不到哪里去，脸上的化妆只是化妆最后的一件小事。我用三句简单的话来说明：三流的化妆是脸上的化妆；二流的化妆是精神的化妆；一流的化妆是生命的化妆。"

卡尔不住地点头。化妆师接着做了这样的结论："你们写文章的人不也是化妆师吗？三流的文章是文字的化妆；二流的文章是精神的化妆；一流的文章是生命的化妆。这样，你懂化妆了吗？"

卡尔深为自己最初对化妆师的观点感到惭愧。

生活中的任何事情都是有层次的。这个世界一切的表象都不是独立自存的，一定有它深刻的内在意义。那么，改变表象最好的方法，不是在表象和面子上下功夫，一定要从内在改革，这样才能引起非常自然的生命的改变。

谦虚谨慎是人生的第一美德

谦虚谨慎是成功人士必备的品格，具有这种品格的人，在待人接物时能温和有礼、平易近人、尊重他人，善于倾听他人的意见和建议，能虚心求教，取长补短。对待自己有自知之明，在成绩面前不居功自傲；在缺点和错误面前不文过饰非，能主动采取措施进行改正。

谦虚谨慎永远是一个人建功立业的前提和基础。

不论你从事何种职业，担任什么职务，只有谦虚谨慎，才能保持不断进取的精神，才能增长更多的知识和才干。因为谦虚谨慎的品格能够帮助你看到自己的差距。永不自满，不断前进可以使人冷静地倾听他人的意见和批评，谨慎从事。否则，骄傲自大，满足现状，停步不前，主观武断，轻者使工作受到损失，重者会使事业半途而废。

具有谦虚谨慎品格的人不喜欢装模作样，不摆架子，不盛气凌人，能够虚心向群众学习，了解群众的情况。美国第三届总统托马斯·杰斐逊提出："每个人都是你的老师。"杰斐逊出身贵族，他的父亲曾是军中的上将，母亲是名门之后。当时的贵族除发号施令以外，很少与平民百姓交往，他们看不起平民百姓。然而，杰斐逊没有秉承贵族阶层的恶习，主动与各阶层人士交往。他的朋友中当然不乏社会名流，但更多的是普通的园丁、仆人、农民或者是贫穷的工人。他善于向各种人学习，懂得每个人都有自己的长处。有一次，他对法国伟人拉法叶特说："你必须像我一样到民众家去走一走，看一看他们的菜碗，尝一尝他们吃的面包，你只要这样做了之后，你就会了解到民众不满的原因，并会懂得正在酝酿的法国革命的意义了。"由于他作风扎实，深入实际，他虽高居总统宝座，却很清楚民众究竟在想什么，他们到底需要什么。这样，他就在密切群众关系的基础上做事情，进而造就他成为一代伟人。

谦虚谨慎的品格，还能使一个人面对成功、荣誉时不骄傲，把它视为一种激励自己继续前进的力量，而不会陷在荣誉和成功的喜悦中不能自拔，把荣誉当成包袱背起来，沾沾自喜于一时之功，不再进取。居里夫人以她谦虚谨慎的品格和卓越的成就获得了世人的称赞，她对荣誉的特殊见解，使很多喜欢居功自傲、浅尝辄止的人汗颜不已。也正因为她的高尚品格的影响，以后她的女儿和女婿也踏上了科学研究之路，并再次获得了诺贝尔奖，成为令人敬仰的两代人三次获诺贝尔奖的家庭。

为了取得杰出的成就，一定要把谦虚谨慎当作人生的第一美德来刻苦培养。

当然，喜欢听赞美是每个人的天性。忠言逆耳，当有人尤其是和自己平起平坐的同事对着自己狠狠数落一番时，不管那些批评如何正确，大多数人都会感到不舒服，有些人更会拂袖而去，连表面的礼貌也不会做，常常令提意见的人尴尬万分。下一次就算你犯更大的错误，相信也没有人敢劝告你了，其实这也是你做人的一大损失。

当我们错了——若是我们对自己诚实，这种情形十分普遍——就要迅速而热诚地承认。这种技巧不但能产生惊人的效果，而且比为自己争辩要有趣得多。

如果你总是害怕承认自己曾经犯错，那么，请接受以下这些建议：

假若你必须向别人交代，与其替自己找借口逃避责难，不如勇于认错，在别人没有机会把你的错到处宣扬之前，对自己的行为负起一切的责任。

如果你在工作上出错，要立即向领导汇报自己的失误，这样当然有可能会被大骂一顿，可是上司的心中却会认为你是一个诚实的人，将来也许对你会更加器重，你所得到的可能比你失去的还多。

如果你所犯的错误可能会影响到其他同事的工作成绩或进度时，无论同事是否已发现这些不利影响，都要赶在同事找你"兴师问罪"之前主动向他道歉、解释。千万不要企图自我辩护，推卸责任，否则只会火上浇油，令对方更感愤怒。

每个人都会犯错误，尤其是当你精神不佳、工作过重、承受了太沉重的生活压力时。偶尔不小心犯错是很普通的事情，关键是犯错后要用正确的态度对待它。犯错误不算什么罪大难饶的事，"有则改之，无则加勉"，只有放下了面子，不再固守所谓的自尊，人才能坦诚地面对自己，面对别人。

不要在乎别人的眼光，要坚持自己的信念

有一个大学生，毕业后并没有去应聘在外人看来非常有前途的职业，而是回到了家乡，做起了收废品的工作。

他骑着三轮车走街串巷，挨家挨户地收着废品。人们时不时地可以见他在垃圾堆里捡拾垃圾。人们为此嘲笑他，他并不介意，却说："垃圾不过是放错了地方的宝物。"他忠于自己的选择，热爱这份职业，因为，他有他的理想、他的抱负。

诚然，大学生捡垃圾，这倒是一件稀奇事，因为稀奇，所以人们都照顾他，这倒给他带来了大量的生意。

但在别人眼中，他的举动还是引起了一片质疑声。在他所在的城市中，他成了流言蜚语的主角，成了人们茶余饭后谈论的对象。

有人说："有好好的工作不干，却去收垃圾，他简直疯了。"

有人说："花了那么多的学费，却换来了一份在垃圾堆里滚爬的工作，简直玷污了大学生的名声。"

有人说："本来，一个多么优秀的人，看来，就这样在散漫中堕落了，在无为中荒废了，实在是可惜啊！"

有不少人带着自己的孩子从这个大学生身边经过，便暗暗指着大学生教育

自己的孩子："要好好学习，做个有出息的人，找个有出息的工作，不能像他这样，自毁一生。"

这个大学生，已然成了家长教育孩子的反面人物，但他并没有抱怨什么，也没有自卑，依旧脚踏实地地去做，更加乐观地面对人生、面对未来。

不久之后，他用自己收废品所赚来的积蓄买了一辆汽车，开了一家废品收购站。他不再为收废品而奔波，而是有更多走街串巷收废品的人将废品送到他这里。因为废品太多，一个人忙不过来，他招了几个员工，成了老板。

有时候，他开着汽车从大街小巷中经过，人们见了，不禁发出这样的疑问："一个捡垃圾的人也可以开上自己的汽车吗？"紧接着，人们又相互发出了这样的感慨："一个捡垃圾的人，即使开上了汽车，又有什么好神气的？"

但他并不在意别人的眼光，因为，他自有他的过去、现在与未来，这是别人无法干预的。

不久以后，他又开了一家废品收购站，又添了几个员工。接着，又开了一家，又添了几个员工。转眼间，10年过去了，这个城市的每个地区都有他的废品收购站，都有他的员工。

他，一个曾经落魄的大学生，一个备受耻笑的无能者，现在已成了一个大老板。

这时，他开着自己豪华的轿车穿梭在大街小巷，人们见了，恍然发现，这正是他们所羡慕的人生。于是，人们一改往昔的态度，纷纷赞叹道："看人家大学生过得多么富有、多么潇洒、多么体面、多么成功。"

这时的家长再次教育自己的孩子时，说道："你要成为像大学生这样有出息的人。"他，一个曾备受嘲笑与轻视的人，现在已成了一个受人尊崇与仰慕的正面典型。

有一次，一名记者在采访他时，问："是什么力量支持着你直到成功的那一刻？"

这个大学生说："是信念，我从来都不在乎别人看我的眼光。不论我选择做什么，只要坚持去做，大胆去做，直到做到最好，那就成功了。"

重要的是，你自己的成长

有道是：泰山不让抔土，故能成其大；河海不择细流，故能就其深。

在泰山底下，有两个小苗正在萌芽。这时，它们一般高下。但日复一日，年复一年，随着岁月的流逝，它们的高度产生了距离，一个长成了树，一个依旧如草。原来，它们一棵是松树，一棵是蒲公英。

蒲公英见儿时的同伴长得如此高大，而自己却是如此渺小，不免有些自惭形秽。为了减轻自卑的苦楚，蒲公英开始寻找让自己兴奋的事，渐渐地，它发现自己虽然低下，但在低下之中，已是最高大的了，因为，众多的野草匍匐在它的脚下，比上不足，比下有余，这一生就这样得过且过吧。

但，事实不会改变，松树依旧日益茁壮，而蒲公英依旧低矮，不免让它悲从中来。这时，它开始焦躁了，并对松树产生了嫉妒。

一日，蒲公英开始挑衅，问松树："你真的很高大吗？但你再高大，比泰山又如何呢？记住，在泰山面前，我们不过是沧海一粟。"

松树无语，依旧成长着。

蒲公英被激怒了，说："你不说话就可以否认这个事实了吗？请相信，终有一天，我会比你高大。"

又是一年秋天，蒲公英化作几十粒种子，其中的一粒越飘越高，直至绕过山头，到达了山顶，在泰山顶上落地、生根。

蒲公英对泰山底下的松树说："看吧，我已高高在上，我已高过了你百倍千倍。"

松树依旧无语，默默地成长着。

蒲公英得意了，说："你如此低下，或许，缄默就是最好的选择了。"

不知多少年过去了……

一日，山上建起了一座寺庙，就在蒲公英的不远处。而寺庙的顶梁柱，正是山下的那棵松树，经过多年的成长，它已成为栋梁之材。

每日，都有不计其数的游客进进出出，而那棵蒲公英，时常被人踩得遍体鳞伤，却也无人顾怜，更无人问津。相反，他们对于这根顶梁柱却是赞不绝口、感慨万千。

终于，蒲公英忍不住了，问道："为什么我如此努力，却总是不如你高大？为什么你总是高高在上，而我总是匍匐在地上？"

已成为顶梁柱的松树，打破了以往的沉默，开口说道："因为我一直在努力让自己成长，让自己更强壮，而你，却让嫉妒蒙住了眼睛，从来不重视自己的成长，只是一味地嘲笑与奚落别人。"

山有山的沉稳坚毅，水有水的灵动自然，每个人都有自己独特的一面，所以不必羡慕他人，更不必在面对他人的长处时表现出嫉妒，甚至奚落他人，这是自卑的另一种表现。你要学会成长，努力发挥自己独特的一面，成就自己独一无二的人生。要记住，无论怎样羡慕别人与生俱来的特质，你自己也不一定能够拥有。对我们自身来说，把目光放在自己身上，才是最明智的，毕竟没有什么比我们自己的成长更重要，没有什么比让我们自己强大更重要。